超圖解

資料科學
×
機器學習

實戰探索　Practical Exploration

使用 Python

感謝您購買旗標書，
記得到旗標網站
www.flag.com.tw
更多的加值內容等著您…

<請下載 QR Code App 來掃描>

● FB 官方粉絲專頁：旗標知識講堂

● 旗標「線上購買」專區：您不用出門就可選購旗標書！

● 如您對本書內容有不明瞭或建議改進之處，請連上
旗標網站，點選首頁的 聯絡我們 專區。

若需線上即時詢問問題，可點選旗標官方粉絲專頁
留言詢問，小編客服隨時待命，盡速回覆。

若是寄信聯絡旗標客服 email，我們收到您的訊息
後，將由專業客服人員為您解答。

我們所提供的售後服務範圍僅限於書籍本身或內
容表達不清楚的地方，至於軟硬體的問題，請直接
連絡廠商。

學生團體	訂購專線：(02)2396-3257 轉 362
	傳真專線：(02)2321-2545
經銷商	服務專線：(02)2396-3257 轉 331
	將派專人拜訪
	傳真專線：(02)2321-2545

國家圖書館出版品預行編目資料

超圖解資料科學 X 機器學習實戰探索 - 使用 Python
陳宗和、楊清鴻、陳瑞泓、王雅惠 著. -- 臺北市：旗標，
2021. 06　面；公分

ISBN 978-986-312-665-2 (平裝)

1. 機器學習　　2. 資料探勘　　3. Python(電腦程式語言)

312.831　　　　　　　　　　　110004725

作　　者／陳宗和、楊清鴻、陳瑞泓、王雅惠

發 行 所／旗標科技股份有限公司

　　　　　台北市杭州南路一段15-1號19樓

電　　話／(02)2396-3257(代表號)

傳　　真／(02)2321-2545

劃撥帳號／1332727-9

帳　　戶／旗標科技股份有限公司

監　　督／陳彥發

執行企劃／張根誠

執行編輯／張根誠

美術編輯／林美麗

封面設計／古鴻杰

校　　對／張根誠、陳宗和、楊清鴻、
　　　　　陳瑞泓、王雅惠

新台幣售價：560 元

西元 2023 年 8 月初版 4 刷

行政院新聞局核准登記-局版台業字第 4512 號

ISBN　978-986-312-665-2

版權所有 • 翻印必究

 序

數位世界 一個由科學島嶼、資料海洋和機器船隻組成的學習宇宙。

數位玩家依循本書的學習地圖開展自己的征程，
面對量大(Volume)、增長快(Velocity)與多樣性高(Variety)
的無常資料海洋、與詭譎的資料分析強浪，
憑借玩家的學習毅力與本書的智慧導引，
建立起一個強大的數據分析艦隊。

高 中 生　　　　大 專 生　　　　　　上 班 族

能完成的小專題：
高中職資訊科技的
加深加廣與建構學
習歷程

需要的資料分析：
各科系的大學生都
可能要做資料分析

體驗大數據分析與
機器學習理論與實作：
輕學資料科學與機器學習，
為下一個十年預做準備

1 感興趣的問題
2 資料取得
3 資料處理
4 探索性資料分析
5 機器學習做資料分析

 沿著混亂的資料海域、探勘出誘人的新知識與新智慧寶藏，
在「資料科學x機器學習」旗幟的指引下，
為了在資訊時代下生存，而辛勤學習不息。

聽聞大數據(資料科學)、人工智慧(機器學習)許多年了，
其實您也可以「DIY」！現在「萬事俱備」，就等您乘著「東風」。
怎麼說萬事俱備呢？

colab

Google Colab:
不必安裝，直接在雲端上使用的「互動式線上程式
開發平台」。

+

python

Python:
用C/C++寫程式對許多人而言學習門檻高，
用Scratch或App Inventor容易上手，但實用性不高。
於是容易學習、輕易上手的Python成為當前最佳選項！

+

pandas

Pandas:
被喻為具Excel般的能力，以最少的學習負擔為前題，
用它即可完成「資料處理」、「資料視覺化」等複雜作業。

那麼，東風呢？
本書為您送來東風！
與坊間用書相較之下，它有以下特色：

東風來了！

☑ 精心設計豐富插圖，每一頁都有感！

☑ 零數學公式、統計符號，輕鬆學會資料科學、機器學習！

☑ 用最夯的 Colab x Python 動手實作！

☑ 機器學習實戰演練：線性迴歸分析、KNN分類、K-Means分群。

☑ 範例滿載！一次不熟換個範例多 run 幾次保證讓你會！

今　日　　　　　　　　　　　明　日

作者群高興的忍不住喊出
「We make it easy, and you make it.」

期待您也和我們一樣發出感動的
「I make it!」

I make it!

We make it easy,
and you make it.

下載本書範例程式

讀者可以從底下的網址下載本書的範例程式，並參考下載檔案當中的
「如何使用本書範例檔.pdf」了解如何開啟使用。

https://www.flag.com.tw/bk/st/F1325

目錄

第 2 章　Python 資料科學實作平台：Google Colab

第 3 章　認識資料科學神器 pandas 並用網路爬蟲取得資料

第9章 機器學習實戰（二）：用 K 最近鄰法做分類

第10章 機器學習實戰（三）：用 K 平均法做分群

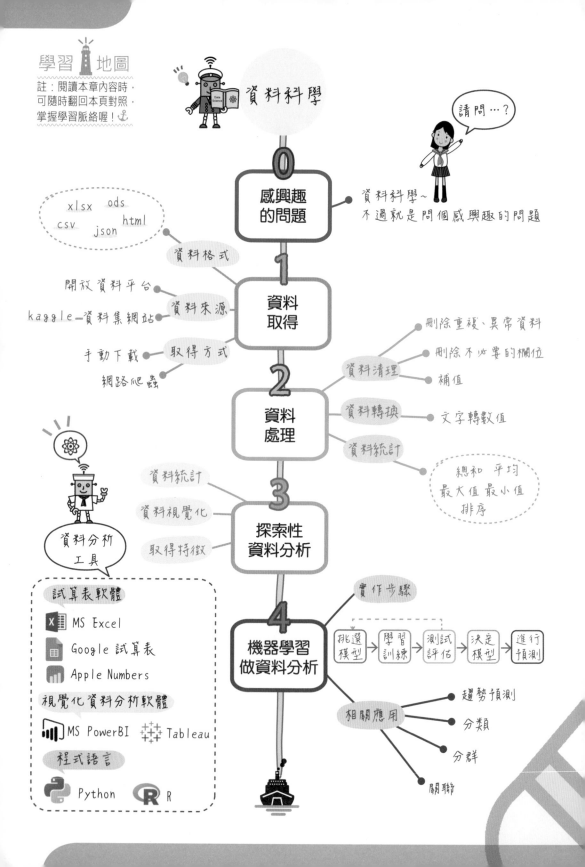

第 1 章

破冰！資料科學觀念養成

資料科學是一種以理性的數據分析，對充滿情感性的數據進行探索與決策的藝術，資料科學家也被評為 21 世紀最性感的職業。

懷抱著對大數據分析的憧憬情懷，一起跟著本章掌握其中奧妙，看如何以神祕的機器學習模型展開對未知的浪漫想像吧！

1-1　資料科學的概念

2015 年，美國國家標準技術研究所 (NIST) 將資料科學 (Data Science) 列為第四個科學典範，即：理論科學、實驗科學、計算科學與資料科學。舉凡跟資料 (Data，又稱數據) 有關的科學就是資料科學，包含資料取得、資料處理到資料分析的過程。

資料經過處理後稱為資訊 (Information)，最後從這些資訊中分析出來的訊息，就稱為知識 (Knowledge)，再經過不斷的行動及驗證，逐漸形成智慧 (Wisdom)。大數據 (Big Data) 風起雲湧後，資料科學這門學問就顯得更加重要了。

▲ 資料科學的概念

有人說：「人工智慧並不神秘，不過就是問個好問題」，資料科學也是如此。從想到感興趣的問題開始，透過如下圖的資料科學步驟，先「取得」資料，再對資料進行「處理」、「探索」及「分析」，進而取得問題的「可能答案」。

▲ 資料科學的步驟 (後續各節一一簡述)

1-2　資料取得

　　資料通常以表格的方式呈現，若我們想知道「誰才是年度滾球大王」，就需要備妥滾球大賽的成績資料。如下表的滾球大賽分數表內有編號、姓名、性別、3 次比賽分數等資料。橫向為列（Row），直向為行(Column)，每列儲存一筆資料，稱為記錄 (Record)；每行儲存資料的一種屬性 (Attribute)，稱為欄位 (Field)。

▼ 滾球大賽分數

編號	姓名	性別	第 1 次	第 2 次	第 3 次
1001	丁軒軒	男	87	82	93
1002	王倫樺	女	78	81	
1003	何宜敏	女	182	87	79
1004	何志陞	男	93	88	96
1005	吳一歌	女	87		89

直行為欄位

橫列為記錄

　　針對這樣的資料，平常我們會使用如 Microsoft　Excel 或 Google 試算表等軟體來處理，存成常見的 .xlsx 或 .ods 等格式。例如下圖是以 Google 試算表開啟、檢視滾球大賽的分數資料。

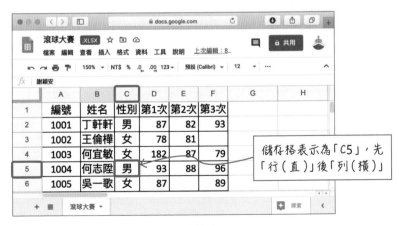

▲ Google 試算表

　　而在資料科學界常用的則是 CSV 或 JSON 格式 ^{註 1} 的檔案，CSV 比較像表格，常用於資料項固定、可直接以表格來處理的資料，JSON 則適用在項目較不固定、不適合用表格呈現的資料。

　　CSV（Comma-Separated Value，逗號分隔值）格式中，每個欄位之間以逗號隔開，每筆資料之間則以換行來分隔。CSV 檔案以記事本開啟後會如下圖所示。

▲ CSV 檔案的資料格式

　　JSON（JavaScript Object Notation，JavaScript 物件表示法）的儲存方式為「{ 屬性 : 值 }」，每組資料以大括號包起來，字串需加上雙引號 (")標註，數字則不用。JSON 檔案以記事本開啟後會如下圖所示。

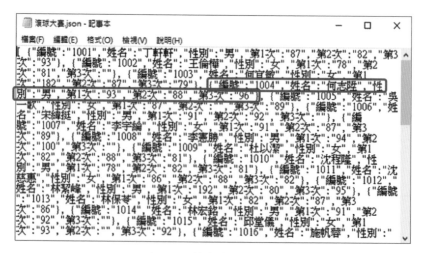

▲ JSON 檔案的資料格式

註 1　CSV 及 JSON 格式屬於純文字檔，檔案的大小遠小於 .xlsx 及 .ods 格式。

除了自己建立資料外，有越來越多的資料集以 CSV、JSON、HTML
等格式被公佈在網路上。接下來，我們就來看看有什麼方式可以取得大量
或現成的資料。

 1-2-1　開放資料和資料集網站

開放資料（Open Data）是一種可以開放和允許任何人自由存取、使
用、修改以及分享的資料。在開放資料這個領域，政府機關無論是資料收
集所涵蓋的領域、數量以及品質都扮演了舉足輕重的角色，如下圖就是在
「政府資料開放平臺[註2]」中搜尋「PM2.5」的結果。

▲ 在政府資料開放平臺中搜尋「PM2.5」

註2　政府資料開放平臺 https://data.gov.tw/。

　　除了各國政府的開放資料平台之外，網路上也有許多網站資源可以利用。例如：常見的資料集網站「kaggle」是坊間頗受歡迎的資料科學競賽平台，即使無意參賽，kaggle 網站上的各種資料集[註3]仍然很值得參考，可以多觀摩這些資料集的樣貌。

▲ 資料集網站「kaggle」中的 Iris 資料集 (Iris.csv)

加廣知識　**什麼是玩具型資料集 (Toy dataset)？**

學習資料科學及機器學習的第一步是針對問題搜集資料，不過自己搜集是件很麻煩的事，網路上免費提供了一些方便入門者直接拿來使用的 資料集 (dataset)，這樣小而美的資料集稱為玩具資料集 (Toy dataset)，例如：Titanic（鐵達尼船難）、Iris（鳶尾花）都是實作機器學習常用的資料集，這兩個也將是本書經常使用的資料集。

註3　kaggle 網站上各種資料集

https://www.kaggle.com/datasets?sortBy=votes&group=featured

1-2-2　手動下載資料檔

　　想要取得開放資料平台所提供的資料，通常可以透過「手動下載」自行找到並下載相關的檔案，或者是利用「網路爬蟲^{註4}」的方式自動擷取我們想要的資料。

　　手動下載網站提供的檔案方法很簡單，例如：想要從行政院環保署的「環境資料開放平台^{註5}」手動下載每日的「PM2.5 日均值^{註6}」資料，只要找到檔案所在的網頁，再依該網頁規定的方式即可下載，如底下介紹。

➊ 點選所要的資料集類別

註4　參閱第 3 章。

註5　環境資料開放平台 https://data.epa.gov.tw/。

註6　PM2.5 日均值 https://data.epa.gov.tw/dataset/aqx_p_322/resource/a19ad783-970a-49d3-b9f4-548ec07f5e67。

❷ 搜尋所需要的資料集

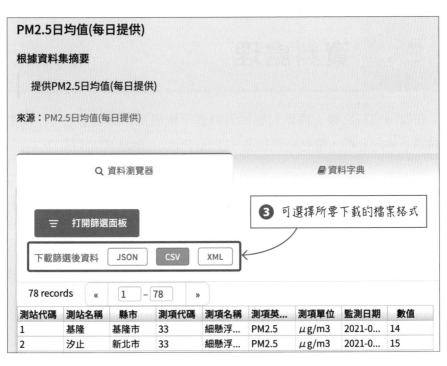

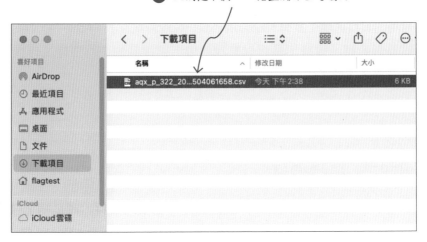

▲ 環境資源資料開放平台中的「PM2.5 日均值」資料

1-3 資料處理

在取得資料之後，需要對原始資料進行檢視及相關的處理，才能對資料做進一步的分析，常見資料處理 (Data Processing) 的項目如下：

● 資料清理：刪除不必要或重複的紀錄、刪除異常資料及補缺失值等。

● 資料轉換：將分類的資料轉為數值。例如：「女 / 男」轉換為「0/1」，「甲、乙、丙」等級轉換為「1、2、3」等。

● 資料統計：進行運算產生新的數據。例如：計算總和、平均、最大或最小值、排序等。

加廣知識

最常用的資料處理工具有 Microsoft Excel、Google 試算表、Apple Numbers…等試算表軟體，這些工具可以幫我們做上述提到的資料清理、轉換及初步的資料統計工作。

 ## 1-3-1 資料清理

資料清理 (Data Cleaning) 就是去除不需要的資料，或是補上殘缺的資料。常見的清理動作有刪除異常資料、刪除不必要的欄位及補值等。

刪除異常資料

舉個例子,這裡以 Google 試算表[註7] 開啟滾球大賽的統計數據。滾球大賽每次滿分為「100」分,從下圖的散佈圖中發現有 2 筆異常的分數,應該要將之更正或刪除,以免日後統計分數時產生錯誤的結果。

以 Google 試算表處理滾球大賽的數據　　　在散佈圖上發現 2 筆異常資料

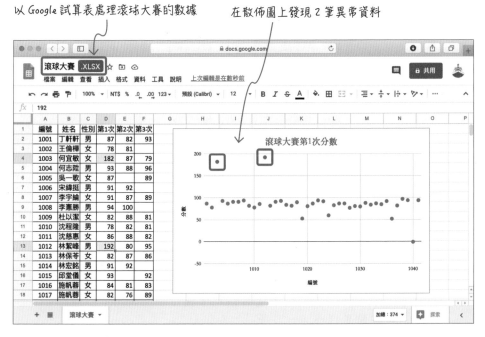

▲ 資料清理:刪除異常資料

 刪除不必要的欄位

在下圖的滾球大賽統計數據中,如果想製作第 1 次比賽分數的英雄排行榜,分析時用不到的「性別」、「第 2 次」、「第 3 次」等欄位便可將之刪除。

註7　Google 試算表 https://docs.google.com/spreadsheets。

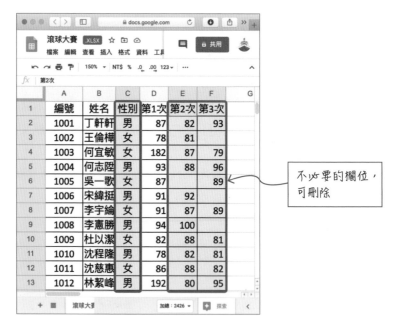

▲ 資料清理：依需求刪除不必要的欄位

> **TIP**
> 關於Google試算表的操作細節，非本書的重點就不多介紹，讀者可上網查看相關教學文章的說明。而這兩頁提到的以散佈圖檢視異常資料以及刪除不必要的欄位等工作，後續我們會教您用Python語言來輕鬆實作喔！

 補值

　　若資料表中有缺少資料的部份，可進行補值的動作以減少統計結果出現太大的誤差。例如在下圖滾球大賽分數表中有部分參賽者沒有當次的比賽分數，應該進行補值；如果無法補值，則可以考慮刪除這筆記錄或用平均數（或眾數）來取代。

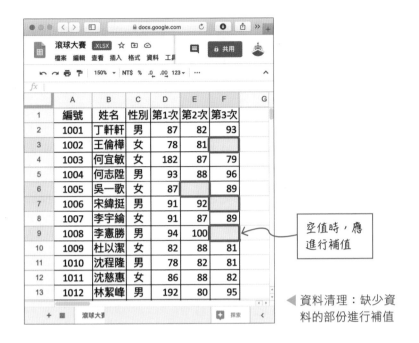

資料清理：缺少資料的部份進行補值

空值時，應進行補值

1-3-2 資料統計

如果要探索「誰才是年度滾球大王」，絕對少不了需要知道總分、排名等資訊。因此，在資料處理階段就要統計出如右圖的這些數據。有了這些資訊就可以知道整體而言，誰的球技最為高超。

▶ 資料統計後的分數資訊：總分及排名

經過資料處理後產生有用的資訊

1-4　資料分析

　　資料分析 (Data Analysis) 是資料科學領域中最核心的工作，它不僅能幫助我們擬定適當的決策（例如：當咖啡銷售量成長趨緩時，再加碼推出與特定甜點合購時有折扣），另外，還可以協助我們發現問題（例如：某商品銷售量因為標價錯誤形成搶購而爆增，它的營業額卻反而減少）。

　　以下將資料分析細分成探索性資料分析 (Exploratory Data Analysis, EDA)，以及近年流行的機器學習 (Machine Learning) 二個部份來說明。

1-4-1　探索性資料分析

　　探索性資料分析[註8] 主要的精神是運用如：統計、視覺化[註9] 等工具，反覆探索資料的特性，獲取資料所包含的資訊、結構，從其中取得重要的「特徵 (Feature)」。值得注意的是，這個找出重要特徵的動作對於下一步的機器學習具有非常關鍵性的影響。

▲ 探索性資料分析主要工作

註8　細節請參閱第 6 章。

註9　細節請參閱第 5 章。

1-4-2　機器學習

　　機器學習[註10] 是實現人工智慧 (Artificial Intelligence, AI) 的方法之一，主要是運用演算法自我學習，自動改進電腦演算法的效能（如準確度），讓本身能更加進步。藉由機器學習的方法，我們希望從既有資料中找出隱藏的規則性和關聯，也就是建立出模型 (Model)。

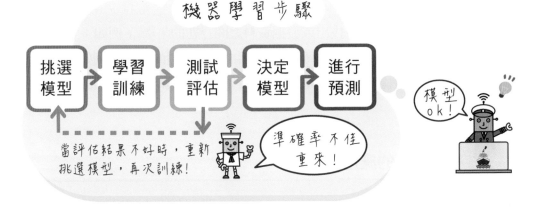

▲ 機器學習的主要工作

　　舉例來說，我們可以把模型想像成是 $y = f(x)$，這個方程式也許會很複雜，但是只要代入 x，就能得到 y。例如：輸入貓的照片 (x)，訓練過的模型 $f(x)$ 會輸出（判斷出）這是「貓」(y) 的答案。

註10　細節請參閱第 7 章。

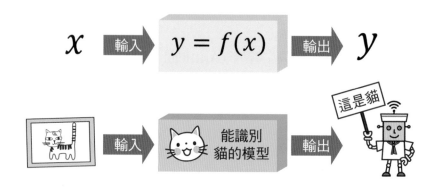

▲ 模型的概念

　　利用訓練出來的模型找出或發掘資料之間存在的趨勢（例如：氣溫越高，冰紅茶的銷售量會不會提高？）後，藉由提出具體的假設（例如：氣溫越高，冰紅茶的銷售量就會提高），進而擬定相關的策略，以探知最終可能的結果。

 機器學習的應用

　　除了進行趨勢預測（Prediction）之外，機器學習也經常應用在分類（Classification）、分群（Clustering）和關聯（Association）等方面。

機器學習的應用

 經由觀察現有的資料，預測未來可能的狀況。

 隨著天氣溫度的變化，冷熱飲的銷售量會不會有所增減呢？

1

分類 將搜集到的資料先人工分類好,接著將定義好的分類以及觀察資料的「特徵」給予電腦,選定模型並訓練好後,模型就可進行物體辨識。

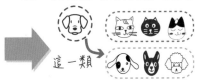

（例）

將資料分成貓跟狗兩類,當有未知的資料加入時,可以自動將它分配到貓或狗其中一個類列。

分群 針對搜集到的資料,我們不事先定義資料各屬於哪一群,讓模型根據特徵進行分群。分群的目標就是在找出不同群資料之間的關係。

（例）

模型將蒐集到的一些樹葉分為三群,雖然不知道是哪些樹的葉子,但是模型會自動把特徵相似的樹葉放在同一群。

關聯 找出資料之間隱藏的關聯性。

（例）

模型分析出買咖啡豆或咖啡粉的同時很有可能會同時購買牛奶,可以應用在銷售時的推薦系統上。

▲ 機器學習的應用

　　從學術研究到商業應用 [註11],機器學習已經被廣泛應用在如人工智慧、大數據分析等領域。正如三十年前,資料處理是當時值得學習的基本能力,如今,資料分析（或機器學習）更是現在及未來不可或缺的技能。

註11　在大學校園中,各學系都可能會需要機器學習來從事資料科學,例如:心理學系做情感分析、物理學系做數據模擬分析、財務金融學系做財務分析與預測等。

各種資料分析工具

不論是藉由試算表軟體（如 MS Excel、Google 試算表、Apple Numbers 等）或視覺化資料分析軟體（如 MS PowerBI、Tableau 等）所提供的分析工具，或者是使用 Python 或 R 語言來設計程式，都可以讓我們自由的發揮，徜徉在資料科學的海洋之中。而後續我們將以 Python 為基礎，帶您往目標啟航邁進！

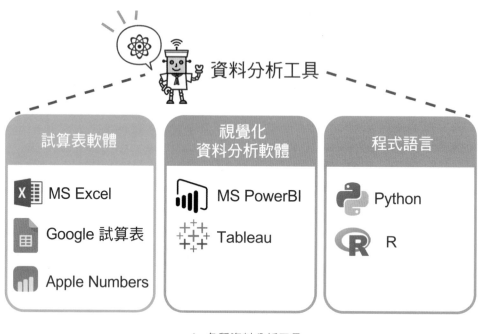

▲ 各種資料分析工具

memo

線上
開發平台

語言　工具　平台

簡稱 Colab

Python

R R

型別
整數(int)
浮點數(float)
字串(str)
布林(bool)
串列(list)

查詢
變數型列

type(變數)

資料

CO Google Colaboratory

ANACONDA　Anaconda

jupyter Jupyter Notebook

結構

條件
判斷

單向 if

雙向 if-else

多向 if-elif-else

字典
串列
結構

一維
二維

重複
執行

單層 for-in

雙層 for-in
for-in

● 一維串列
c = ['國文','英文','數學']
　　c[0]　c[1]　c[2]
　　國文　英文　數學
s = [84,92,88]

　　s[0]　s[1]　s[2]
　　84　 92 　88

條件判斷＋重複執行
混搭也可以！

for-in-:
　　if--:
　　else:

● 二維串列
　cs = [['國文','英文','數學'],[84,92,88]]

列索引　行索引
　　　　0　　1　　2
cs[0] 0　國文　英文　數學 → cs[0][2]
cs[1] 1　84 　92 　88　 → cs[1][2]

串列索引值：先列(橫)後行(直)

資料處理

● 新增　● 刪除　● 修改

第2章

Python 資料科學實作平台：
Google Colab

在這個資訊科技蓬勃發展的時代中，要如何才能在
大數據 (Big Data) 和人工智慧 (AI) 等紅透半邊天的
領域中，攻下一個超越別人的有利位置呢？就讓我
們以 Python 為基礎，開始向目標啟航邁進吧！

2-1 Python 線上程式開發平台 — Colab

　　「工欲善其事，必先利其器」，Python 是一種容易入門的程式設計語言，語法簡單好寫，背後社群強大，在數據分析領域深受學界及業界的喜愛。撰寫 Python 程式時，除了從 Python 的官方網站 (http://www.python.org) 下載安裝最新版的 Python 開發環境之外，本章特別介紹一套不必安裝即可直接在雲端上使用的「互動式線上程式開發平台」— Colab [註1] 來編寫程式，如下圖所示。

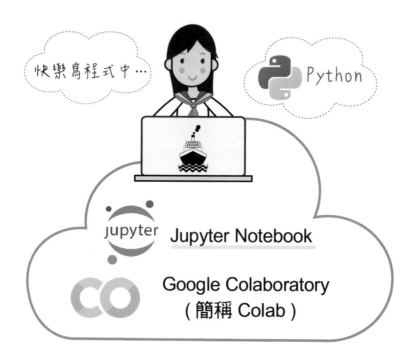

▲ 利用「互動式線上程式開發平台」- Colab 來編寫 Python 程式

註1　https://colab.research.google.com。

Google Colaboratory(簡稱為 Colab) 提供線上的 Jupyter Notebook(筆記本) 操作環境，使用 Google Chrome、Firefox、Safari... 等瀏覽器就可以啟動，操作上相當方便。透過 Jupyter Notebook，你可以把寫程式當成在做筆記般輕鬆！

TIP·

> Juypter Notebook是一種程式編輯、執行環境，能讓你像寫筆記本一樣輸入程式和筆記標題、內文。

第一次使用時要在 Google 雲端硬碟上外掛 Colab 應用程式，請先自行申請好 Google 帳戶，開啟您的 Google 雲端硬碟 (https://drive.google.com/) 頁面，外掛 Colab 應用程式的方法如下圖所示。

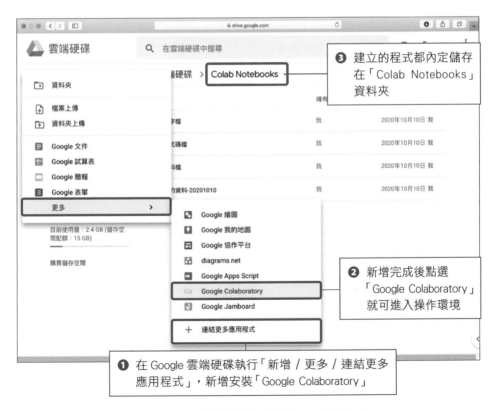

▲ 在 Google 雲端硬碟中外掛 Colab 應用程式

　　使用 Colab 的好處是編寫及執行程式都會在一個 Web 網頁上完成，程式筆記本 (.ipynb) 可以直接儲存在 Google 雲端硬碟上。Colab 具備雲端環境編寫、執行程式的特性，尤其適合應用在小組的協同合作開發。常用的功能如下圖所示。

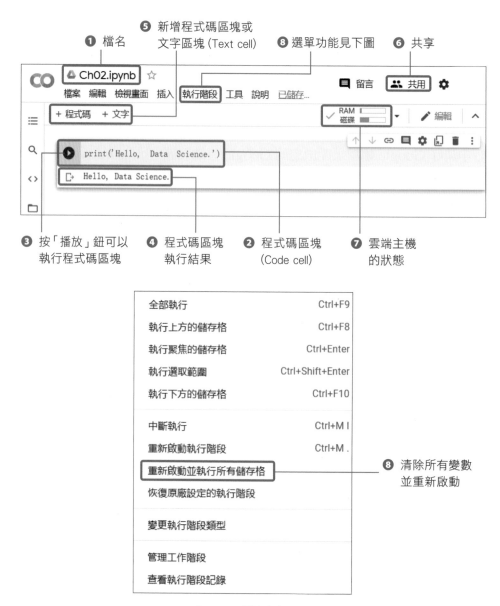

▲ Colab 環境介紹

加廣知識

Colab 撰寫的程式碼內定是存成「.ipynb」的程式筆記本，另外也可存成「.py」的程式檔 (在 Colab 中執行「檔案 / 下載 / 下載 .py」)。

Python 是一種直譯式的程式語言，預設副檔名為「.py」，在 Colab 編寫 Python 程式因為沿用了 Jupyter Notebook，預設副檔名「.ipynb」，但也可以下載成純 Python 程式檔「.py」。關於 Colab 環境更深入的介紹，可以參考如下網站：

- **Google Colaboratory － 適合 Python 初學者的雲端開發環境**

  http://www.cc.ntu.edu.tw/chinese/epaper/0052/20200320_5207.html

- **Google 的 Welcome notebook**

  https://colab.research.google.com/notebooks/welcome.ipynb?hl=zh-tw

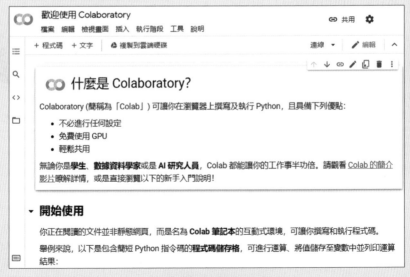

▲ Google 的 Welcome notebook

2-2　Python 程式設計基礎

在正式撰寫資料科學和機器學習的程式之前，讓我們熟悉一下幾個 Python 常用指令和敘述的語法。

> TIP
> 這裡假設讀者已稍微具備程式語言基礎，直接從簡單的 Python 語法介紹起，若想了解更多，還請自行參考 Python 程式設計專書(例如：旗標科技出版的「Python 技術者們 實踐！」一書。

2-2-1　輸出函式

print() 函式可用來將資料輸出到螢幕。

print( ) 輸出函式

print(項目1, 項目2, ...)

> 1. 不同項目之間用「,」分隔
> 2. 如果要輸出文字時則加上雙引號「""」或單引號「''」
> 3. 項目可以是常數，也可以是變數

實作　print() 函式

EX2-2.1.ipynb

01　在程式碼區塊 (Code Cell) 中輸入以下的程式碼。

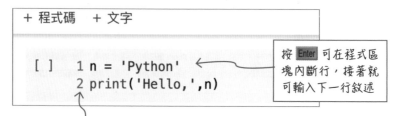

＋ 程式碼　＋ 文字

```
[ ]    1 n = 'Python'
       2 print('Hello,',n)
```

> 按 Enter 可在程式區塊內斷行，接著就可輸入下一行敘述

> 若想顯示行數，可透過 Colab 的「工具」選單開啟「設定 / 編輯器」內的「顯示行數」按鈕

02 輸入完程式將滑鼠游標移至程式區塊的上面邊緣處,按畫面上的 `+ 文字` 插入一個文字區塊 (Text Cell),雙按後可加上說明文字 註2。完成後按 ▶ 看看程式執行結果。

03 在「程式檔名」方塊中可修改成不同的檔案名稱 (如:EX2-2.1.ipynb)。

註2 文字區塊 (Text Cell) 的用法跟 Markdown 語法有關,請參閱 https://markdown. tw。

2-2-2　變數

程式執行時會將資料暫存於變數 (Variables) 中，變數就和數學中的 x, y, z 等代數很相似。例如在 $y = 2x$ 程式敘述中，當 $x = 10$ 就會得到 $y = 20$；$x = 20$ 時則會得到 $y = 40$。因為 x 的數值可以不停的變化，所以就將之稱為變數。

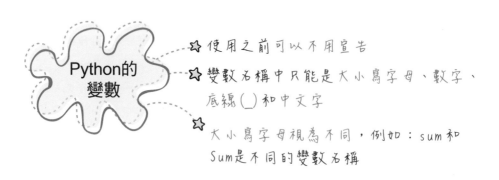

Python的變數

☆ 使用之前可以不用宣告

☆ 變數名稱中只能是大小寫字母、數字、底線(_)和中文字

☆ 大小寫字母視為不同，例如：sum 和 Sum 是不同的變數名稱

 實作　設定變數值　　　　　　　　　　　　EX2-2.2.ipynb

練習在程式中建立數值、字串等變數，完成後以 print() 函式印出其內容。

```
1 n = 'Python'
2 m = 2099
3 print('Hello,', n, m,'.')
```

```
Hello, Python 2099 .
```

2-2-3 輸入函式

執行程式的過程中，如果需要使用者從鍵盤輸入資料時，可以使用 input() 函式。

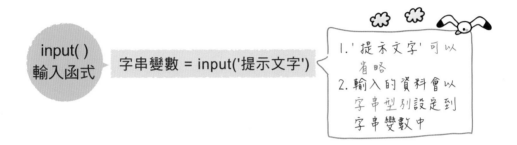

實作 input() 函式　　　　　　　　　　　EX2-2.3.ipynb

利用 input() 函式讓使用者輸入資料，完成後再印出結果。

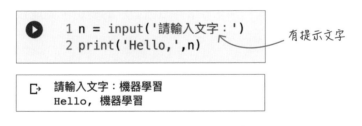

```
1 n = input('請輸入文字：')
2 print('Hello,',n)
```
有提示文字

```
請輸入文字：機器學習
Hello, 機器學習
```

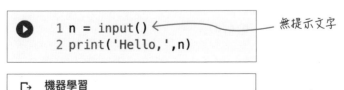

```
1 n = input()
2 print('Hello,',n)
```
無提示文字

```
機器學習
Hello, 機器學習
```

2-2-4　資料型別

　　Python 提供多種不同的資料型別，例如：整數 (int)、浮點數 (float)、字串 (str)、布林 (bool)、串列 (list) 等。變數在使用前不用宣告，Python 會自動依其內容值給定合適的型別，方便使用且極具彈性。若要查詢變數的資料型別可以用 type() 函式。

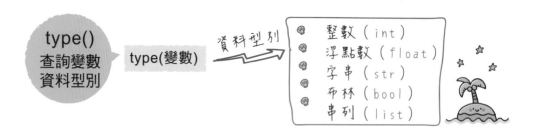

 資料型別　　　　　　　　　　　　　　　EX2-2.4.ipynb

01　建立整數、浮點數、字串、布林四種型別的變數，完成後印出所有變數的內容。

```
1 a = 4
2 b = 3.14
3 c = 'Alice'
4 d = True
5 print(a,b,c,d)
```

```
4 3.14 Alice True
```

02 利用 type() 函式看看這些變數各是屬於何種資料型別。

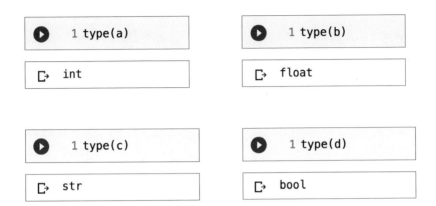

▶ 1 type(a)	▶ 1 type(b)
⤷ int	⤷ float

▶ 1 type(c)	▶ 1 type(d)
⤷ str	⤷ bool

> **TIP**
> Colab的Notebooks環境支援在程式碼區塊(Cell)中可省略print()函式,直接使用「3*5」或「type(a)」即可顯示;有些Python環境不支援,須使用print()函式才可顯示。

2-2-5 資料運算

Python 提供完整的運算子 (Operator),可以進行不同的運算方式。使用時需要注意如下表所列的運算優先次序,當優先次序相同時,則會以由左而右的方式來計算。

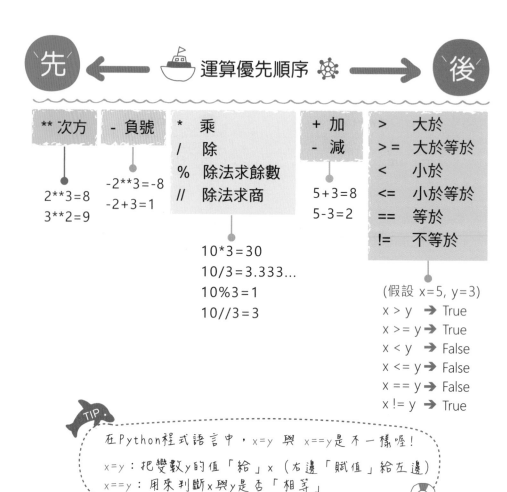

 **資料運算**　　　　　　　　　　　　　　　　　EX2-2.5a.ipynb

01　練習在程式中使用 + , - , * , / , ** 做數值運算。

```
1 a = 3
2 b = 2
3 print(a+b, a-b, a*b, a/b, a**b)
```

```
5 1 6 1.5 9
```

02 練習字串的連結 (+) 和重複 (*) 運算。

```
1 s1 = '資料'
2 s2 = '分析'
3 s3 = s2 + s1      #字串連結(+)：將不同字串連結成一個字串
4 print(s3)
5 s4 = '讚!' * 3    #字串重複(*)：產生重複的字串
6 print(s4)
```

```
分析資料
讚!讚!讚!
```

> TIP：
> 在 Python 一行程式碼中，
> 「#」之後的文句是註解。
> *註解通常用來說明程式碼的用途
> *註解內可以為任意的文句
> *註解不會被電腦執行

03 練習兩個數值的比較運算。

```
1 x = 60
2 y = 92
3 print(y>x, y==x, y!=x)
```

```
True False True
```

 實作 **綜合練習～畢氏定理**　　　　　　　　　　EX2-2.5b.ipynb

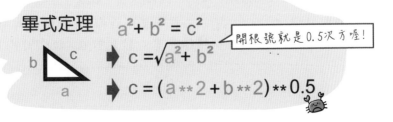

畢式定理　　$a^2 + b^2 = c^2$

開根號就是 0.5 次方喔！

$c = \sqrt{a^2 + b^2}$

$c = (a**2 + b**2)**0.5$

以下，練習大家耳熟能詳的畢氏定理。

```
1 a = 3
2 b = 4
3 c = (a**2 + b**2) ** 0.5
4 print(c)
```

```
5.0
```

 實作 綜合練習～成績處理　　　　　　　　EX2-2.5c.ipynb

　　練習讓使用者在程式執行時輸入三項成績並自動計算總成績，完成後列印計算結果。

```
1 c = int(input('請輸入國文分數:'))
2 e = int(input('請輸入英文分數:'))
3 m = int(input('請輸入數學分數:'))
4 s = c + e + m
5 print('總分為:',s)
```

```
請輸入國文分數:92
請輸入英文分數:88
請輸入數學分數:82
總分為: 262
```

TIP
● input()函式可以讓使用者輸入資料，若輸入為「數值」會視為「文字」。
● 文字轉成數值函式:int()或float()，其中int()只能轉換成整數（如:'99'），而float()則可以轉換包含小數的數值（如:'99.9'）。

2-2-6 串列 (list)

　　想用變數來記錄班上所有同學的姓名，通常會考慮使用串列 (list) 的資料型別，它就像其他程式語言的陣列 (Array)，操作上相當簡易和方便！

一維串列　串列名稱 = [元素0, 元素1, ...]

c = ['國文','英文','數學']

c[0]	c[1]	c[2]
國文	英文	數學

s = [84,92,88]

s[0]	s[1]	s[2]
84	92	88

1. 元素用中括號「 [ ] 」括起來
2. 元素之間用「,」分隔
3. 元素的索引編號從「0」開始
4. 元素可以是不同的資料型別
5. 串列名稱[元素索引]表示某個元素的值
   例 c[0]='國文'，s[2]=88。
6. Python支援三維以上的串列

二維串列　串列名稱 = [[第0個一維串列] , [第1個一維串列],...]

cs = [['國文','英文','數學'],[84,92,88]]

列索引　行索引

串列索引值：先列(橫)後行(直)

	0	1	2	
cs[0]　0	國文	英文	數學	→ cs[0][2]
cs[1]　1	84	92	88	→ cs[1][2]

1. 串列名稱[串列索引]表示某個串列索引中的所有元素
   例 cs[0]=['國文','英文','數學']
   　　cs[1]=[84,92,88]
2. 串列名稱[列索引編號][行索引編號]表示某個元素的值
   例 cs[0][2]='數學'
   　　cs[1][2]=88

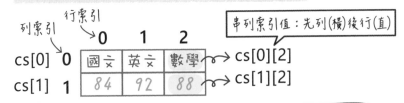

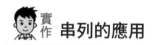 串列的應用

EX2-2.6.ipynb

01 建立包含多個資料的一維串列，完成後印出整個串列以及某一個元素。

```
1 c = ['國文','英文','數學']
2 s = [84,92,88]
3 print(c)
4 print(s)
5 print(c[2], s[2])
```

```
['國文', '英文', '數學']
[84, 92, 88]
數學 88
```

02 建立包含多個資料的二維串列，完成後印出整個串列以及某一個元素。

```
1 cs = [['國文','英文','數學'],[84,92,88]]
2 print(cs)
3 print(cs[0][2], cs[1][2])
```

```
[['國文', '英文', '數學'], [84, 92, 88]]
數學 88
```

加廣知識

- 在 Python 裡，用中括號和索引編號就能取出串列中的某些元素，有以下幾種用法：

  ✓ [0] → 第 1 筆元素 (索引從 0 開始)

  ✓ [-1] → 最後 1 筆元素 (負值 = 從後面數回來)

  ✓ [m:n] → 取出索引 m～n-1 的元素 (注意：不包括最後一個)

  ✓ [:] → 取得所有元素

  例：a=[1, True, 9.5, 'one']，其中 a[0] 的值是 1，a[-1] 的值是 'one'。

```
1 a = [1, True, 9.5, 'one']
2 print(a)
3 print(a[0], a[1])
4 print(a[-1])
5 print(a[0:2])
6 print(a[:])
```

```
[1, True, 9.5, 'one']
1 True
one
[1, True]
[1, True, 9.5, 'one']
```

- 串列名稱 [元素索引] = 值，則可以設定某個元素的值。

  例：b=[1,3,5]，x=b[1] 得到 x 的值為 3，而 b[1]=2 會將 b[1] 的值重新設定為 2。

接下頁

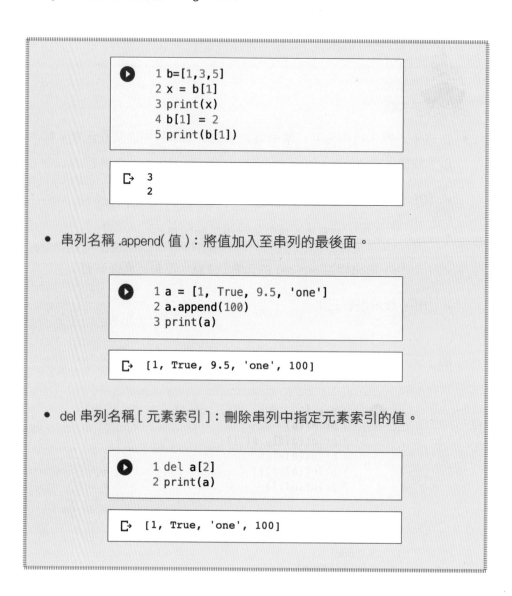

```
1 b=[1,3,5]
2 x = b[1]
3 print(x)
4 b[1] = 2
5 print(b[1])
```

```
3
2
```

- 串列名稱 .append(值)：將值加入至串列的最後面。

```
1 a = [1, True, 9.5, 'one']
2 a.append(100)
3 print(a)
```

```
[1, True, 9.5, 'one', 100]
```

- del 串列名稱 [元素索引]：刪除串列中指定元素索引的值。

```
1 del a[2]
2 print(a)
```

```
[1, True, 'one', 100]
```

 ## 2-2-7　條件判斷

　　條件判斷能夠根據條件的成立與否，決定要執行哪些程式碼，這項功能經常會出現在日常應用中。條件判斷依不同的使用狀況可分為單向、雙向以及多向，以下將使用三個例子來依序練習。

實作 條件判斷 (單向) - 猜數字遊戲 EX2-2.7a.ipynb

讓使用者輸入一個數字，使用 if 來判斷並印出與答案的關係是「猜中」、「太大」或「太小」。

if 條件式：程式區塊

1. 條件成立時執行程式區塊，不成立時則不執行程式區塊而繼續往下執行
2. if 敘述最後面要加上「:」
3. 程式區塊需「縮排」

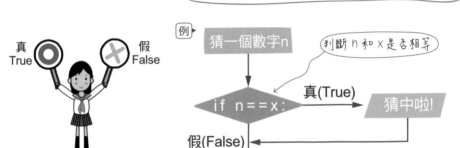

注意這兩行！變數賦值是用 = ，而判斷是否「相等」是用 == ，兩者不同不可混用喔！

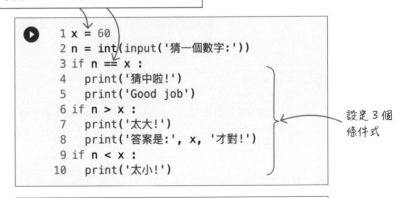

```
1 x = 60
2 n = int(input('猜一個數字:'))
3 if n == x :
4     print('猜中啦!')
5     print('Good job')
6 if n > x :
7     print('太大!')
8     print('答案是:', x, '才對!')
9 if n < x :
10    print('太小!')
```

設定 3 個條件式

```
猜一個數字:70
太大!
答案是: 60 才對!
```

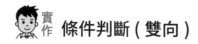

實作 條件判斷 (雙向)

EX2-2.7b.ipynb

　　使用 if-else 判斷成績是否及格，成績大於等於 60 時印出「及格」，否則就印出「不及格」。

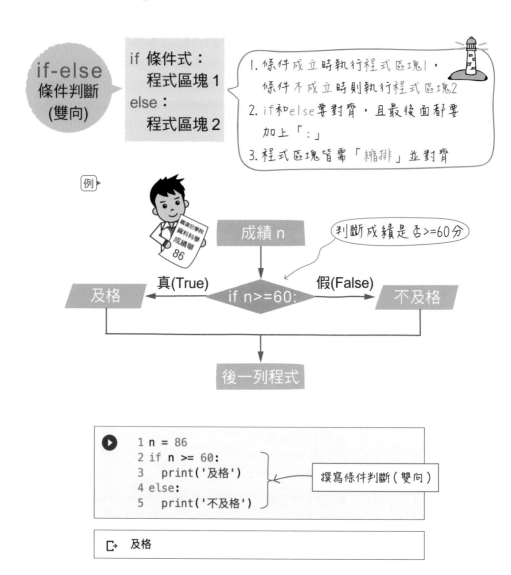

```
1 n = 86
2 if n >= 60:
3   print('及格')
4 else:
5   print('不及格')
```

撰寫條件判斷 (雙向)

⤷　及格

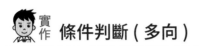 **條件判斷（多向）** EX2-2.7c.ipynb

 **if-elif-else 條件判斷 (多向)**

if 條件式 1：
　　程式區塊 1
elif 條件式 2：
　　程式區塊 2
　　…
else：
　　程式區塊 n

1. 條件式1成立時執行程式區塊1，否則當條件式2成立時執行程式區塊2，一次判斷一個條件式，皆不成立時則執行程式區塊n
2. if、elif 和else 都要對齊，且最後面都要加上「：」
3. 程式區塊皆需「縮排」並對齊

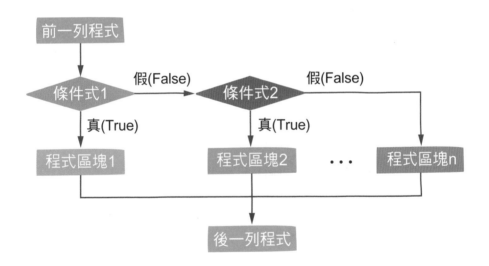

寫一個計算 BMI 的程式，判斷體重是「合適」、「過重」、「過輕」。

公式：BMI = 體重（公斤）/ 身高（公尺）^{2}

判斷條件是：若 BMI < 18.5 為「過輕」，18.5 ≦ BMI < 24 為「合適」，否則就算「過重」。

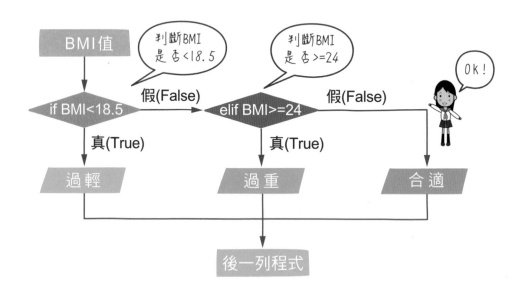

```
1 h = float(input('身高(m):'))
2 w = float(input('體重(Kg):'))
3 BMI = w / (h**2)
4 print('BMI:',BMI)
5 if BMI < 18.5:
6   print('過輕')
7 elif BMI >=24:
8   print('過重')
9 else:
10   print('合適')
```

撰寫條件判斷 (多向)

```
身高(m):1.72
體重(Kg):72
BMI: 24.337479718766904
過重
```

2-2-8　重複執行

靈活運用重複執行可以大幅縮短重複的程式碼，讓程式更加簡潔與容易閱讀，for 迴圈就是一種常用的重複執行。

for 迴圈 (單層)

for 迴圈 (單層)　　for 變數 in 串列：
　　　　　　　　　　　程式區塊

1. for迴圈執行時會依序取出串列中的元素，當作該回合執行時的變數值
2. for迴圈敘述的最後面要加上「：」，程式區塊需縮排
3. 可以使用range()函式來產生指定的範圍值(後述)

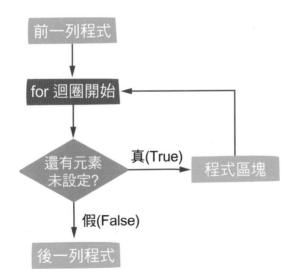

重複執行 (單層 for)　　　　　　　　　　　　　　EX2-2.8a.ipynb

建立一個串列包含寶可夢的 4 隻 (或以上) 寶物名字，完成後印出串列中每 1 隻寶物的名字。

```
1 寶可夢 = ['妙蛙種子', '妙娃草', '噴火龍', '綠毛蟲']
2 for 抓寶 in 寶可夢:
3     print(抓寶)
```

```
妙蛙種子
妙娃草
噴火龍
綠毛蟲
```

 重複執行 (單層 for)　　　　　　　　　　　　　　EX2-2.8b.ipynb

建立包含考試科目和成績的二個串列，完成後分別使用串列及 range()
函式搭配 for 迴圈印出每個元素的值。

```
1 t = ['國文','英文','數學','資訊科技']
2 s = [84,92,88,95]
3 for i in [0,1,2,3]:
4   print(t[i])
5 for i in range(4):
6   print(s[i])
```

```
⤷  國文
    英文
    數學
    資訊科技
    84
    92
    88
    95
```

t = ['國文','英文','數學','資訊科技']   s = [84,92,88,95]

t[0] | 國文   s[0] | 84
t[1] | 英文   s[1] | 92
t[2] | 數學   s[2] | 88
t[3] | 資訊科技   s[3] | 95

TIP

使用 range( ) 函式來產生指定的範圍值：

1. range(n)：產生 0～n-1 的連續整數

例▶ range(10) 會產生 0～9 的連續整數

2. range(起始值,終止值,間隔值)：產生起始值～(終止值-1)之間，
   且有間隔的整數

例▶ range(1,9,2) 會產生 1,3,5,7 這4個整數

for 迴圈 (雙層)

for 迴圈 (雙層)

```
for 變數1 in 串列:     ← 外圈
    for 變數2 in 串列:  ← 內圈
        程式區塊
```

外圈每執行一次，
內圈要重複執行
程式區塊至結束後，
再跳到外圈繼續執行。

重複執行 (雙層 for)　　　　　　　　　　**EX2-2.8c.ipynb**

建立包含科目名稱和成績的二維串列 cs，完成後利用雙層 for 迴圈依次印出 cs 二維串列中每個元素的值。

```
1 cs = [['國文','英文','數學','資訊科技'],[84,92,88,95]]
2 for i in [0,1]:
3   for j in [0,1,2,3]:
4     print(cs[i][j])
```

```
國文
英文
數學
資訊科技
84
92
88
95
```

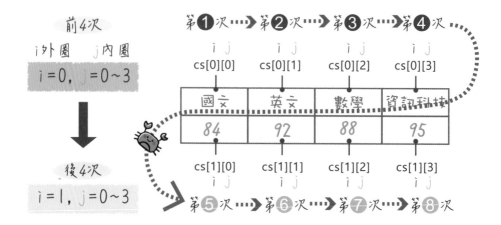

加廣
知識

上一頁實作的雙層 for 迴圈，也可以改寫成如下單層的形式，一樣可以依次印出每個元素的值，而且結果更易讀。

```
1 cs = [['國文','英文','數學','資訊科技'],[84,92,88,95]]
2 for i in [0,1,2,3]:
3     print(cs[0][i],cs[1][i])
```
修改成這樣

```
國文 84
英文 92
數學 88
資訊科技 95
```

實作 **重複執行 (for 求總和)**　　　EX2-2.8d.ipynb

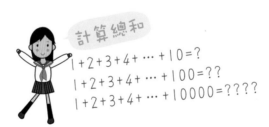

計算總和

$1+2+3+4+\cdots+10=?$
$1+2+3+4+\cdots+100=??$
$1+2+3+4+\cdots+10000=????$

利用 for 迴圈、range() 函式計算 1～10 的總和。

```
1 n = 10
2 s = 0
3 for i in range(1,n+1):
4     s = s + i
5 print(s)
```

```
55
```

2-2-9 從模組匯入更多函式

在這小節中，我們將介紹利用匯入模組的方式來使用更多的函式。Python 提供許多模組可以使用，模組其實就是一個 Python 程式檔案 (.py)，通常包含許多事先寫好的函式，在程式中只要匯入模組就可直接使用。

在程式中可以用 import 來匯入模組，例如：有一個模組名稱為 game，其中包含 win()、lost() 及 tie() 等函式：

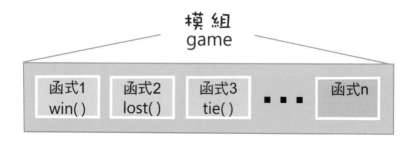

匯入此模組有以下幾種方法：

1. 匯入整個模組：import game

2. 只匯入模組中的特定函式：from game import win

3. 匯入並給定模組別名：import game as g

 實作 **匯入亂數模組**　　　　　　　　　　　EX2-2.9a.ipynb

練習使用 random 模組裡的 randint() 函式，產生一個介於 1～10 整數亂數 (包含 1 和 10)。

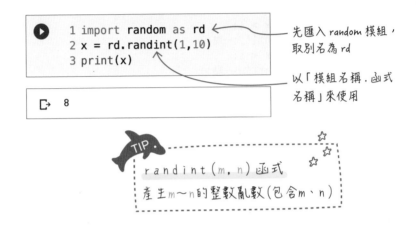

```
1 import random as rd
2 x = rd.randint(1,10)
3 print(x)
```

先匯入 random 模組，取別名為 rd

以「模組名稱.函式名稱」來使用

➡ 8

> TIP
> randint(m,n) 函式
> 產生 m～n 的整數亂數 (包含 m、n)

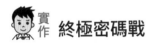 實作 **終極密碼戰**　　　　　　　　　　　EX2-2.9b.ipynb

設計一個好玩的「終極密碼戰」程式，動作要求如下：

(1) 使用 random 模組裡的 randint() 函式產生一個介於 1～10 整數亂數做為密碼。

(2) 由玩家猜密碼值。

(3) 玩家只能猜三次。

(4) 猜錯時，提示太大或太小。

(5) 猜中時就立即停止。

```
 1 import random as rd
 2 x = rd.randint(1,10)
 3 for i in range(3):
 4   s = int(input('猜數字1-10:'))
 5   if x == s:
 6     print('猜中')
 7     break          ← 見底下 TIP
 8   elif x > s:
 9     print('大一點')
10   elif x < s:
11     print('小一點')
12 print('遊戲結束!')
```

```
猜數字1-10:5
小一點
猜數字1-10:3
小一點
猜數字1-10:2
小一點
遊戲結束!
```

TIP

break：跳出迴圈

1. 在 for 迴圈內執行到 break 時，程式會立即跳出迴圈外，至 for 迴圈的下一行執行。以上例來說當第 5 行結果為 True 時，執行到第 7 行 break 時就會跳出 for 迴圈，接著執行第 12 行的 print()。

2. break 通常會搭配 if-else 使用。

Alice 有位神通廣大的 AI 小幫手叫小 P。不管是分享心情、或者是遇到任何疑難雜症，只要有了這位閨蜜的協助，一切彷彿都能迎刃而解。

Alice 是標準的企鵝迷，夢想有天能夠到南極去看企鵝。上網蒐集南極探險資料時發現大部份都是英文，正發愁著不知如何加強自己的英文語言能力。此時，小 P 立馬化身成為一個文青機器人，希望藉由英文詩集來增加 Alice 學習英文的樂趣。

🐧 演練內容

1. 由下表 12 句英文詩詞中隨機取出 10 句，並且在每個詩句後面加上「,」，最後一句加上「And strength you will gain.」。

Always have faith	長存信念
As they always do	一如既往
It allows you to cope	它會使你應付自如

接下頁

Just have patience	只要有耐心
Know it will pass	相信苦難定會過去
Never give up	永不放棄
Never lose hope	永不心灰意冷
So put on a smile	露出微笑
Strength you will gain	你將重獲力量
Trying times will pass	難捱的時光終將過去
You'll live through your pain	你會走出痛苦
Your dreams will come true	夢想就會成真

2. 利用 for-in 迴圈，輸出 10 個句子。

3. 參考 2-2-9 節「終極密碼戰」實作，使用 random 模組裡的 randint() 函式產生隨機整數。

4. 儲存結果：程式碼 Penguin02.ipynb。

🐧 參考結果

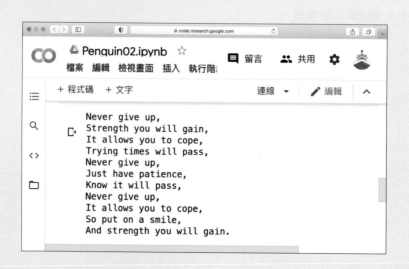

本章學習操演（二）

Bob 最近因為新創事業的問題有了些小煩惱，一時之間也不知該找誰訴苦。他決定設計一個能聽他說話的機器人，當寫好程式和機器人對話之後，發現煩惱真的不見了！

 演練內容

1. 首先出現對話框，提問「請選擇聊天模式 1: 家人模式 2: 朋友模式」。

2. 進入聊天模式，提問「你今天心情如何？」

提示 隨機整數：randint()

3. 選擇「1: 家人模式」隨機取出如下爸爸媽媽平時會說的話。

拍拍	惜惜	真的假的	有空多找我聊聊

4. 選擇「2: 朋友模式」則是以朋友常用的表情符號來回答。

╱。╲	(✖ ＿ ✖)	*\(^_^)/*	\(@_@)/

5. 接著重覆提問三次「為什麼？」「後來怎麼了呢？」，同樣以所選擇的聊天模式隨機取出回答的對話或符號。

 提示　迴圈：for-in

6. 儲存結果：程式碼 Shoes02.ipynb。

 參考結果

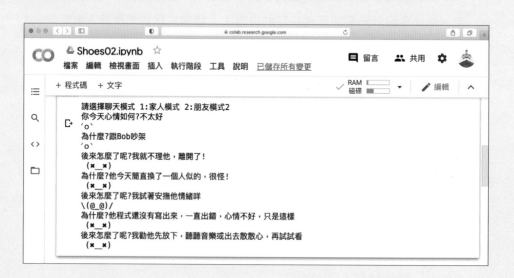

memo

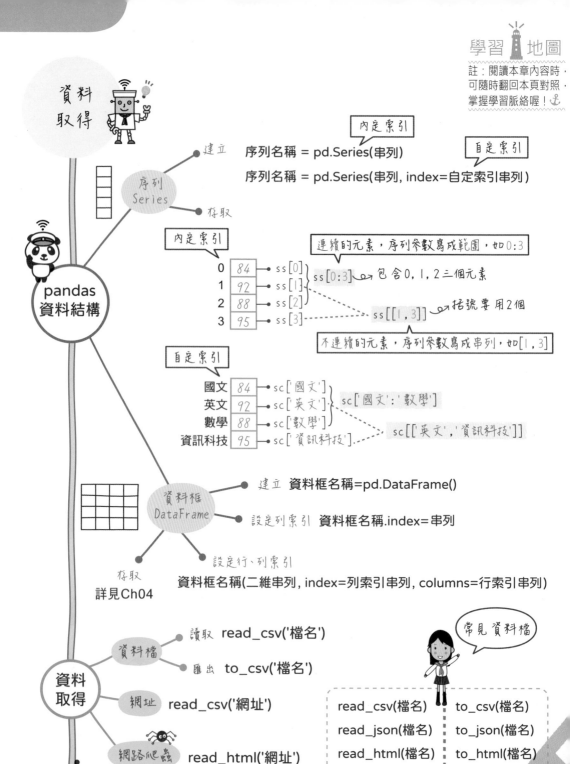

資料
取得

序列
Series

建立　內定索引

序列名稱 = pd.Series(串列)

自定索引

序列名稱 = pd.Series(串列, index=自定索引串列)

存取

pandas
資料結構

內定索引

連續的元素，序列參數寫成範圍，如0:3

0	84 |→ ss[0]
1	92 |→ ss[1]
2	88 |→ ss[2]
3	95 |→ ss[3]

ss[0:3] → 包含0, 1, 2三個元素

ss[[1, 3]] → 括號要用2個

不連續的元素，序列參數寫成串列，如[1, 3]

自定索引

國文	84 |→ sc['國文']
英文	92 |→ sc['英文']
數學	88 |→ sc['數學']
資訊科技	95 |→ sc['資訊科技']

sc['國文':'數學']

sc[['英文', '資訊科技']]

資料框
DataFrame

建立　資料框名稱=pd.DataFrame()

設定列索引　資料框名稱.index=串列

設定行、列索引

資料框名稱(二維串列, index=列索引串列, columns=行索引串列)

存取
詳見Ch04

資料
取得

資料檔

讀取　read_csv('檔名')

匯出　to_csv('檔名')

網址　read_csv('網址')

網路爬蟲　read_html('網址')

常見資料檔

read_csv(檔名)	to_csv(檔名)
read_json(檔名)	to_json(檔名)
read_html(檔名)	to_html(檔名)
read_excel(檔名)	to_excel(檔名)

第 3 章

認識資料科學神器 pandas
並用網路爬蟲取得資料

說到資料科學，要先有「資料」，才能衍生出相關
的「科學」，因此，如何獲得資料就是首要的步
驟。除了靠自己搜集與整理之外，更可以透過直接
下載或網路爬蟲取得現成且大量的各類資料。接下
來本章將介紹如何以 Python 程式碼來建立、取得
及儲存資料。

3-1 認識 pandas — 從資料結構看起

　　pandas 是 Python 著名的資料處理和分析套件，更是近年來從事數據分析時不可或缺的工具之一。pandas 的功用就像 Python 版的 Excel 試算表，只需透過簡單的 Python 程式碼匯入和呼叫 pandas 提供的函式，就可以針對表格資料執行如 Excel 的計算、小計、圖表等功能。

　　如果 pandas 套件是資料處理的神兵，那麼 pandas 的資料框 (DataFrame) 則是必備的利器。pandas 套件提供兩種常用的資料結構如下：

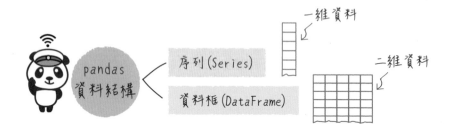

1. 序列 (Series)：一維的資料，類似一維串列 (list)，不同的是，如下圖中每個元素可以使用內定索引 (Index)，也可以改成自定索引進行存取，例如：用國文、英文等當索引。

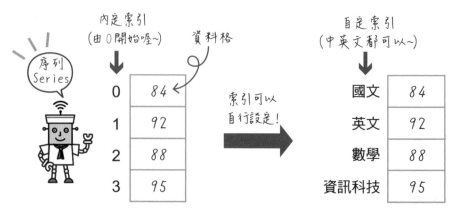

(a)內定索引：0,1,2,3　　　　(b)自定索引：國文,英文,數學,資訊科技

▲ pandas 序列 (Series)

2. 資料框 (DataFrame)：二維的資料，類似 Microsoft Excel、Google 試算表的「資料表」或一般的「表格」。透過簡單的 Python 程式碼，便能針對資料執行試算表所能完成的功能。

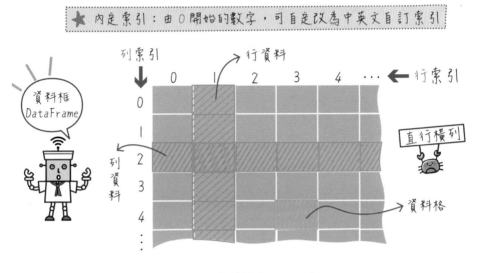

▲ pandas 資料框 (DataFrame)

底下是試算表與 pandas 資料框的對照：

(a) Google 試算表

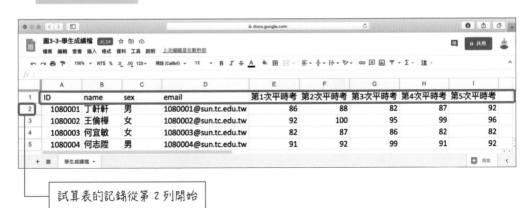

(b) pandas 資料框

	ID	name	sex	email	第1次平時考	第2次平時考	第3次平時考	第4次平時考	第5次平時考
0	1080001	丁軒軒	男	1080001@sun.tc.edu.tw	86	88.0	82.0	87	92.0
1	1080002	王倫樺	女	1080002@sun.tc.edu.tw	92	100.0	95.0	99	96.0
2	1080003	何宜敏	女	1080003@sun.tc.edu.tw	82	87.0	86.0	82	82.0
3	1080004	何志陞	男	1080004@sun.tc.edu.tw	91	92.0	99.0	91	92.0
4	1080005	吳一歌	女	1080005@sun.tc.edu.tw	93	NaN	92.0	97	98.0

pandas 將每筆記錄自動
加上列索引（從 0 開始）

試算表第一列欄位名稱是
pandas 的行索引

▲ 試算表與 pandas 資料框的對照

 ## 3-1-1　建立與存取序列 (Series)

同學有一張如下圖各科目分數表單，要如何將這份原始資料轉換成
Python 格式的資料型別呢？

▲ 各科目成績原始資料

實作　利用 Python 一維串列 (list) 存放資料　EX3-1.1a.ipynb

01 首先利用 Python「串列」來存放科目名稱 (c) 及分數 (s) 這兩項資料。

```
1 c = ['國文','英文','數學','資訊科技']
2 s = [84,92,88,95]
```

02 將 c、s 串列印出來看看。

```
1 print(c)
2 print(s)
```

```
['國文', '英文', '數學', '資訊科技']
[84, 92, 88, 95]
```

這兩個串列可進一步用來建立序列 (Series)

 實作　利用 pandas 套件建立序列 (Series)　EX3-1.1b.ipynb

匯入 pandas 套件時，設定列名為 pd，之後程式中 pandas 就可用 pd 代替！

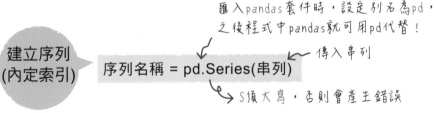

建立序列(內定索引)

傳入串列

序列名稱 = pd.Series(串列)

S 須大寫，否則會產生錯誤

建立方式 1. 直接輸入串列內容：

ss = pd.Series([84, 92, 88, 95])

建立方式 2. 使用串列名稱：

s = [84, 92, 88, 95]
ss = pd.Series(s)

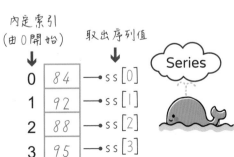

內定索引(由 0 開始)　取出序列值

0	84	→ ss[0]
1	92	→ ss[1]
2	88	→ ss[2]
3	95	→ ss[3]

Series

01 匯入 pandas 套件，並設定別名為「pd」。

```
1 import pandas as pd
```

02 建立二個串列 (c、s)，存放科目名稱及分數這兩項資料，準備用來放入序列中。

```
1 c = ['國文','英文','數學','資訊科技']
2 s = [84,92,88,95]
```

03 呼叫 pd.Series() 函式建立兩個序列 (cs、ss)，並將其內資料設定為串列的內容。完成後把兩個序列印出來檢視。

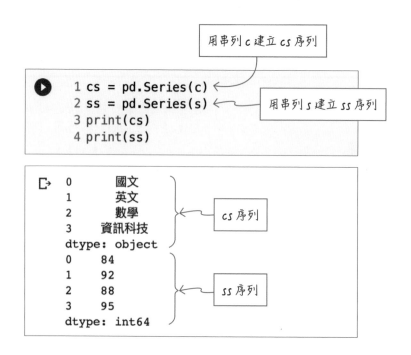

用串列 c 建立 cs 序列

```
1 cs = pd.Series(c)
2 ss = pd.Series(s)
3 print(cs)
4 print(ss)
```

用串列 s 建立 ss 序列

```
0       國文
1       英文
2       數學
3       資訊科技
dtype: object
0       84
1       92
2       88
3       95
dtype: int64
```

cs 序列

ss 序列

04 接下來印出序列某一筆元素的內容。

```
1 print(cs[0])
2 print(ss[0])
```
利用內定索引取出序列的值

```
國文
84
```

3

實作 建立自定索引的序列 (Series)   EX3-1.1c.ipynb

建立序列
(自定索引)

序列名稱 = pd.Series(串列, index=自定索引串列)

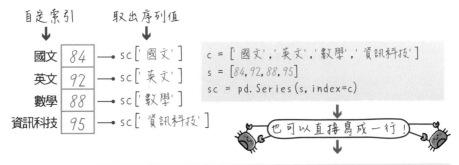

自定索引　　取出序列值

國文	84	→ sc['國文']
英文	92	→ sc['英文']
數學	88	→ sc['數學']
資訊科技	95	→ sc['資訊科技']

```
c = ['國文','英文','數學','資訊科技']
s = [84,92,88,95]
sc = pd.Series(s, index=c)
```

也可以直接寫成一行!

```
sc = pd.Series([84,92,88,95], index=['國文','英文','數學','資訊科技'])
```

01 匯入 pandas 套件，並將科目及分數分別放到兩個串列 (c、s) 中。

```
1 import pandas as pd
2 c = ['國文','英文','數學','資訊科技']
3 s = [84,92,88,95]
```

02 建立一個序列，將科目串列 (c) 當成序列的「自定索引」、分數串列 (s) 當成序列的元素，完成後印出建立的序列。

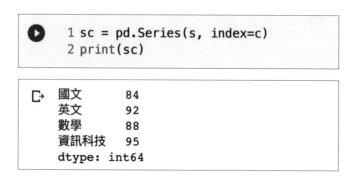

```
1 sc = pd.Series(s, index=c)
2 print(sc)
```

```
國文         84
英文         92
數學         88
資訊科技      95
dtype: int64
```

03 分別試試利用「內定索引」和「自定索引」兩種方式來存取及設定序列元素。

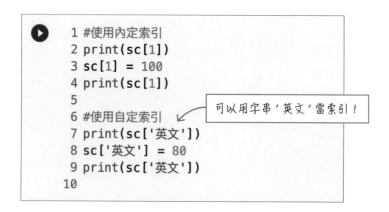

```
1 #使用內定索引
2 print(sc[1])
3 sc[1] = 100
4 print(sc[1])
5
6 #使用自定索引
7 print(sc['英文'])
8 sc['英文'] = 80
9 print(sc['英文'])
10
```

可以用字串 '英文' 當索引！

取出並設定「內定索引 1」(即英文科目) 的分數

```
92
100

100
80
```

利用自定索引 ('英文' 字串) 取出並設定英文分數

加廣
知識

序列 (Series) 除了擁有串列 (list) 沒有的自定索引外，還支援一次存取多個元素的用法。

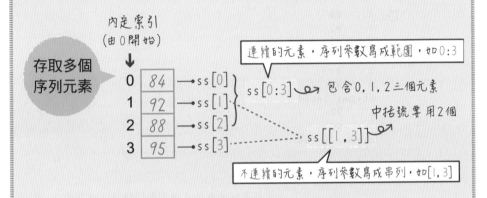

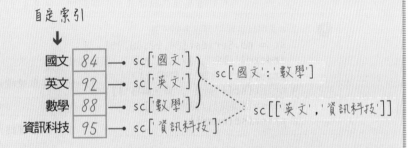

試著使用上圖介紹的「內定索引」及「自定索引」方式，存取序列中的元素，程式碼及執行結果如下圖。

接下頁

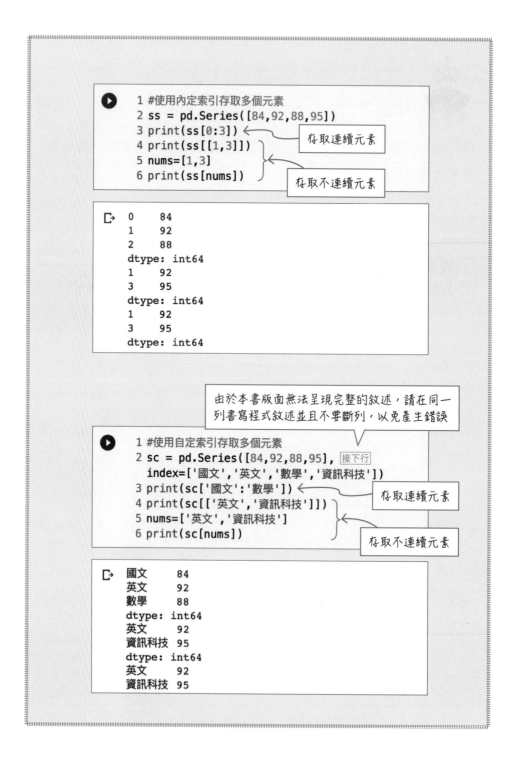

```
1 #使用內定索引存取多個元素
2 ss = pd.Series([84,92,88,95])
3 print(ss[0:3])          ← 存取連續元素
4 print(ss[[1,3]])
5 nums=[1,3]
6 print(ss[nums])         存取不連續元素
```

```
0    84
1    92
2    88
dtype: int64
1    92
3    95
dtype: int64
1    92
3    95
dtype: int64
```

由於本書版面無法呈現完整的敘述，請在同一
列書寫程式敘述並且不要斷列，以免產生錯誤

```
1 #使用自定索引存取多個元素
2 sc = pd.Series([84,92,88,95], 接下行
  index=['國文','英文','數學','資訊科技'])
3 print(sc['國文':'數學'])        ← 存取連續元素
4 print(sc[['英文','資訊科技']])
5 nums=['英文','資訊科技']
6 print(sc[nums])                存取不連續元素
```

```
國文      84
英文      92
數學      88
dtype: int64
英文      92
資訊科技   95
dtype: int64
英文      92
資訊科技   95
```

3-1-2　建立與存取資料框

　　如果想處理二維的資料，例如：在序列的實作中，我們想把科目也當作資料來使用時，可以用二維串列來取代兩個一維串列，或是運用 pandas 套件提供的資料框。若透過資料框將二維串列設定「自定索引」，那麼在程式書寫時就可以更加便利。

 ## 利用 Python 建立二維串列　　　　EX3-1.2a.ipynb

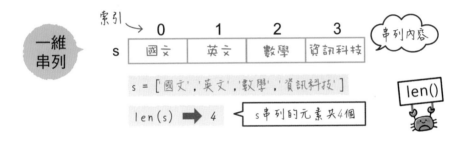

01 建立一個二維串列，用來存放科目和分數，完成後印出串列內容。

```
[ ]    1 sc = [['國文','英文','數學','資訊科技'],[84,92,88,95]]
       2 print(sc)
```

```
[['國文', '英文', '數學', '資訊科技'], [84, 92, 88, 95]]
```

02 印出二維串列內的串列個數，可以使用 len() 函式來處理。

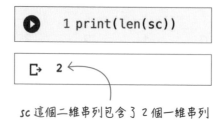

```
    ▶    1 print(len(sc))
```

```
   ⊳    2 ←
```

sc 這個二維串列包含了 2 個一維串列

03 試著用逐一走訪的方式來顯示每一筆元素的內容（註：「一一讀取出來」的動作就稱為走訪）。

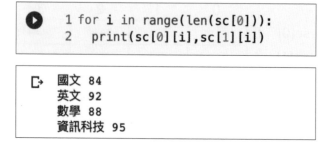

```
    ▶    1 for i in range(len(sc[0])):
         2   print(sc[0][i],sc[1][i])
```

```
   ⊳    國文 84
         英文 92
         數學 88
         資訊科技 95
```

呼叫 pandas 的 DataFrame() 函式建立資料框

EX3-1.2b.ipynb

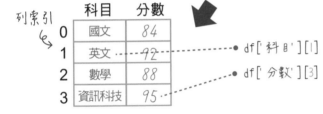

建立資料框 DataFrame

資料框名稱 = pd.DataFrame()

```
c = ['國文','英文','數學','資訊科技']
s = [84,92,88,95]
df = pd.DataFrame()
df['科目'] = c
df['分數'] = s
```

行索引

	科目	分數
0	國文	84
1	英文	92
2	數學	88
3	資訊科技	95

列索引

df['科目'][1]
df['分數'][3]

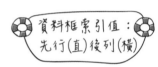 資料框索引值: 先行(直)後列(橫)

01 匯入 pandas 套件,分別建立科目 (c) 和分數 (s) 二個串列。

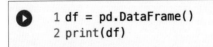
```
1 import pandas as pd
2 c = ['國文','英文','數學','資訊科技']
3 s = [84,92,88,95]
```

02 呼叫 pandas 的 DataFrame() 函式建立空白的 df 資料框。

```
1 df = pd.DataFrame()
2 print(df)
```

```
Empty DataFrame
Columns: []
Index: []
```

03 將 c 串列加入到 df 資料框中，並給予自定行索引為「科目」; 再將 s 串列加入到 df 資料框，並給予自定行索引為「分數」。

```
1 df['科目'] = c
2 df['分數'] = s
```

04 將 df 印出來檢視其內容。

```
1 df
```

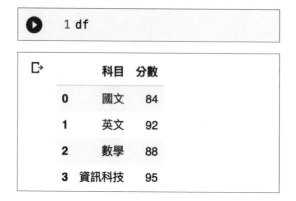

	科目	分數
0	國文	84
1	英文	92
2	數學	88
3	資訊科技	95

05 試著用逐一走訪的方式來顯示每一筆元素的內容。

```
1 for i in range(len(df)):
2     print(df['科目'][i],df['分數'][i])
```

注意索引值是先行 (直) 後列 (橫)

```
國文 84
英文 92
數學 88
資訊科技 95
```

 自定資料框的列索引　　　　　　　　EX3-1.2c.ipynb

設定資料框列索引

資料框名稱.index = 串列

自定列索引

行索引

科目	分數
第1科 國文	84
第2科 英文	92
第3科 數學	88
第4科 資訊科技	95

```
df.index = ['第1科','第2科','第3科','第4科']
```

或

```
r = ['第1科','第2科','第3科','第4科']
df.index = r
```

01 使用 df.index 設定列索引，完成後印出 df 資料框。

```
1 import pandas as pd
2 c = ['國文','英文','數學','資訊科技']
3 s = [84,92,88,95]
4 df = pd.DataFrame()
5 df['科目'] = c
6 df['分數'] = s
7 df.index = ['第1科','第2科','第3科','第4科']
8 df
```

自訂列索引

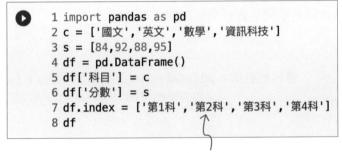

	科目	分數
第1科	國文	84
第2科	英文	92
第3科	數學	88
第4科	資訊科技	95

02 試著用逐一走訪的方式來顯示每一筆元素的內容。

```
1 for i in range(len(df)):
2   print(df.index[i],df['科目'][i],df['分數'][i])
```

```
第1科 國文 84
第2科 英文 92
第3科 數學 88
第4科 資訊科技 95
```

加廣知識

pandas 的 DataFrame() 函式提供了許多參數用來設定資料框，例如：「index」可以設定列索引、「columns」可以設定行索引等，並可將二維串列當成參數直接設定資料框的內容。

資料框設定行列索引

資料框名稱 = pd.DataFrame(二維串列, index = 列索引串列, columns = 行索引串列)

接下頁

```
1 import pandas as pd
2 n = ['丁軒軒','王倫華','何宜敏','陳志昇']
3 c = ['國文','英文','數學','社會','自然']
4 s = [[86,88,82,87,92],[92,100,95,99,96], 接下行
       [82,87,86,82,82],[91,92,99,91,92]]
5 df = pd.DataFrame(s, index=n, columns=c)
6 df
                              ↑
                    指定列及行索引
```

	國文	英文	數學	社會	自然
丁軒軒	86	88	82	87	92
王倫華	92	100	95	99	96
何宜敏	82	87	86	82	82
陳志昇	91	92	99	91	92

3-2 　資料取得

 3-2-1　讀取資料檔

　　對於自行建立的資料檔，或者是由資料集網站下載取得的資料，pandas 提供如下表的便利函式，可以使用一個敘述就直接將資料檔讀入程式中，並用資料框變數來使用這些資料，這是 Python 相對好用的特色。

▼ **pandas 用來讀取常見資料檔的函式**

函式	說明
read_csv（檔名）	讀取 csv 格式的檔案
read_json（檔名）	讀取 json 格式的檔案
read_html（檔名）	讀取 html 格式的檔案
read_excel（檔名）	讀取 excel 格式的檔案

 掛接 Google 雲端硬碟　　　　　　　　　　　EX3-2.1a.ipynb

mount() 函式　→　掛接Google 雲端硬碟　⋯　插入USB 隨身碟，掛到電腦

> 1. mount() 是 drive 模組下的一個函式,而 drive 隸屬於 google.colab 套件,所以使用 mount() 函式前必須先匯入 google.colab 套件。

> 2. 要掛接上 Google 雲端硬碟,需要在 mount() 使用「/content/MyGoogleDrive」參數。

> 3. 掛上個人 Google 雲端硬碟後,根資料夾是位於虛擬機的「/content/MyGoogleDrive/My Drive」資料夾內。

01 呼叫 mount() 函式掛接 Google 雲端硬碟,成為虛擬磁碟機。

```
1 from google.colab import drive
2 drive.mount('/content/MyGoogleDrive')
```

02 使用個人 Google 雲端硬碟時需要通過帳號、密碼的認證程序,執行程式時會有幾個認證的交談視窗。先以滑鼠點選連結。

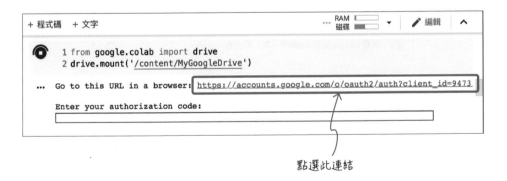

點選此連結

03 選擇使用 Google 雲端硬碟的使用者帳戶。

選擇帳戶

以繼續使用「Google Drive File Stream」

C　**Cathy Wang**
　　██████@gmail.com

　　Titanic Wang
　　titanic2020.wang@gmail.com

👤　使用其他帳戶

04 允許存取 Google 帳戶。

「Google Drive File Stream」想要存取您的 Google 帳戶

🛡　titanic2020.wang@gmail.com

這麼做將允許「Google Drive File Stream」進行以下操作：

🔺　查看、編輯、建立及刪除您的所有 Google 雲端硬碟檔案　ⓘ

🔺　查看 Google 相簿中的相片、影片和相簿　ⓘ

●　查看 Google 使用者資訊，例如個人資料和聯絡人　ⓘ

●　查看、編輯、建立及刪除您的任何 Google 雲端硬碟文件　ⓘ

確認「Google Drive File Stream」是您信任的應用程式

這麼做可能會將您的機密資訊提供給這個網站或應用程式。想瞭解「Google Drive File Stream」會如何處理您的資料，請參閱該用戶端的《服務條款》和《隱私權政策》。您隨時可以前往 Google 帳戶頁面查看或移除存取權。

瞭解潛在風險

取消　　　　　　　　　　　　　　　　　　　允許

05 複製授權碼。

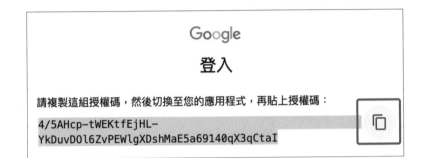

06 將複製的授權碼貼至 **02** 的授權碼空白文字方塊後，按 Enter 鍵。

將授權碼貼至此空白方塊內

07 完成掛接 Google 雲端硬碟。

已完成掛接至雲端硬碟

　　該如何才能將存在於個人 Google 雲端硬碟「Colab Notebooks」資料夾中的 CSV 檔案讀取到程式中呢？在 Python 中可以透過 pandas 的 read_csv() 函式輕易完成此項任務。

> **TIP**
> 當然，在此之前你必須先自行下載csv檔(如機器學習常用到的iris.csv鳶尾花資料集)然後存入個人的Google雲端硬碟中。而本書的下載範例 (https://www.flag.com.tw/bk/st/F1325) 也附了各章操作需要的資料檔，可以參考下載範例中的「如何使用本書範例檔.pdf」了解如何開啟使用。

實作　用 pandas 讀取 CSV 檔及印出資料　　EX3-2.1b.ipynb

---

read_csv( ) 函式

讀取csv檔案到程式中

資料框名稱=pd.read_csv(路徑+檔案名稱,
　　　　　　　　　　　　　　[encoding = 'utf-8'])

> 1. 若要讀取的csv檔和程式檔在同一資料夾，則路徑名稱可省略。
> 2. encoding是csv檔的字元編碼，預設為utf-8，可省略。
>   如果csv檔是其他編碼(例如：Windows應用軟體常用的big5編碼)，則需特別指定相對應的編碼(例如：encoding = 'big5')才能順利開啟。

```
df = pd.read_csv('/content/MyGoogleDrive/My Drive/Ch03/Iris.csv')
```

路徑名稱　　　　　　　　　　　　檔案名稱

head( ) 函式

印出資料框前幾列數的內容

資料框名稱.head(列數)

列數若省略，預設會印出5列資料

01 匯入 pandas 套件並命名為 pd，使用 read_csv() 函式讀取 csv 資料檔，再設定給 df 變數。df 會是資料框的資料型別。

> 請填實際的資料夾名稱及檔案路徑，這裡是讀取本章範例內的 Iris.csv 資料檔

3

```
1 from google.colab import drive
2 drive.mount('/content/MyGoogleDrive')
3 import pandas as pd
4 df = pd.read_csv('/content/MyGoogleDrive/My Drive/ 接下行
  Python-for-Titanic/Ch03/Iris.csv'
```

> Drive already mounted at /content/MyGoogleDrive; to attempt to forcibly remount, call drive.mount("/content/MyGoogl

02 呼叫 head() 函式印出前 5 列的資料。

```
1 df.head()
```
> head() 內可指定幾筆，省略的話，內定是 5

	sepal_length	sepal_width	petal_length	petal_width	species
0	5.1	3.5	1.4	0.2	Iris-setosa
1	4.9	3.0	1.4	0.2	Iris-setosa
2	4.7	3.2	1.3	0.2	Iris-setosa
3	4.6	3.1	1.5	0.2	Iris-setosa
4	5.0	3.6	1.4	0.2	Iris-setosa

3-2-2　儲存（匯出）資料檔

　　資料框中的資料只需使用如下表的函式，便能儲存（匯出）到外部的不同格式檔案。以 CSV 格式為例，每個欄位之間會以逗號隔開，每筆資料之間則以換行來分隔。接下來我們打算將資料框的資料寫入 CSV 檔，並且存入 Google 雲端硬碟中。

▼ pandas 用來儲存常見資料檔的函式

函式	說明
to_csv（檔名）	儲存成 csv 格式的檔案
to_json（檔名）	儲存成 json 格式的檔案
to_html（檔名）	儲存成 html 格式的檔案
to_excel（檔名）	儲存成 excel 格式的檔案

 實作 **將資料框儲存成 CSV 檔**　　　　EX3-2.2.ipynb

01 掛上 Google 雲端硬碟，程式執行時也會如前述出現 Google 帳密的認證步驟。

```
1 from google.colab import drive
2 drive.mount('/content/MyGoogleDrive')
```

```
Drive already mounted at /content/MyGoogleDrive; to attempt to forc
```

02 匯入 pandas 套件，建立列索引、行索引的串列，以及各科分數的二維串列，呼叫 DataFrame() 函式建立 df 資料框。

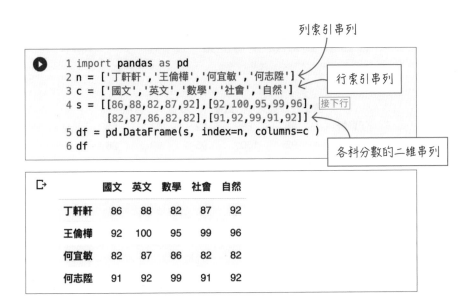

列索引串列

行索引串列

```
1 import pandas as pd
2 n = ['丁軒軒','王倫樺','何宜敏','何志陞']
3 c = ['國文','英文','數學','社會','自然']
4 s = [[86,88,82,87,92],[92,100,95,99,96], 接下行
        [82,87,86,82,82],[91,92,99,91,92]]
5 df = pd.DataFrame(s, index=n, columns=c )
6 df
```

各科分數的二維串列

	國文	英文	數學	社會	自然
丁軒軒	86	88	82	87	92
王倫樺	92	100	95	99	96
何宜敏	82	87	86	82	82
何志陞	91	92	99	91	92

03 指定存檔的路徑及檔名，呼叫 to_csv() 函式將資料框的內容存到 Google 雲端硬碟中。

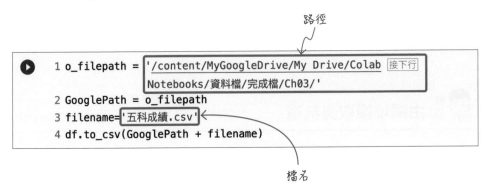

路徑

```
1 o_filepath = '/content/MyGoogleDrive/My Drive/Colab 接下行
    Notebooks/資料檔/完成檔/Ch03/'
2 GooglePath = o_filepath
3 filename='五科成績.csv'
4 df.to_csv(GooglePath + filename)
```

檔名

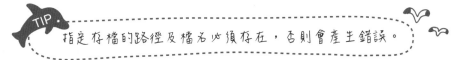

TIP 指定存檔的路徑及檔名必須存在，否則會產生錯誤。

04 將儲存的「五科成績 .csv」檔案以試算表打開後，顯示如下。

	A	B	C	D	E	F	G
1		國文	英文	數學	社會	自然	
2	丁軒軒	86	88	82	87	92	
3	王倫樺	92	100	95	99	96	
4	何宜敏	82	87	86	82	82	
5	何志陞	91	92	99	91	92	
6							

3-2-3　由網址讀取資料檔

　　手動下載檔案雖然容易，但仍然得依照該網站所規定的方式才能下載。除此之外，如果我們已經知道 CSV 檔案的網址，透過 read_csv() 函式，只要將參數中的「檔案名稱」改成「檔案的網址」，就能直接下載所需的檔案。

實作　由網址讀取資料檔　　　　　　　　　　　EX3-2.3.ipynb

01 匯入 pandas 套件並命名為 pd，呼叫 pd.read_csv() 函式由「PM2.5 日均值」檔案網址「https://data.epa.gov.tw/api/v1/aqx_p_322?limit=1000&api_key=9be7b239-557b-4c10-9775-78cadfc555e9&format=csv」讀取 CSV 資料檔，再指定給 df 變數。此時 df 就是資料框的資料結構。

```
1 import pandas as pd
2 df=pd.read_csv('https://data.epa.gov.tw/api/v1/  接下行
              aqx_p_322?limit=1000&api_key=9be7b239-557b-4c10-97
3 df.head()
```

	SiteId	SiteName	County	ItemId	ItemName	ItemEngName	ItemUnit	MonitorDate	Concentration
0	1	基隆	基隆市	33	細懸浮微粒	PM2.5	µg/m3	2021-04-05 00:00:00	13
1	2	汐止	新北市	33	細懸浮微粒	PM2.5	µg/m3	2021-04-05 00:00:00	14
2	3	萬里	新北市	33	細懸浮微粒	PM2.5	µg/m3	2021-04-05 00:00:00	16
3	4	新店	新北市	33	細懸浮微粒	PM2.5	µg/m3	2021-04-05 00:00:00	12
4	5	土城	新北市	33	細懸浮微粒	PM2.5	µg/m3	2021-04-05 00:00:00	11

02 參照 3-2-2 節的方法，將此 df 資料框儲存成 CSV 檔並上傳至個人的 Google 雲端硬碟。

```
1 o_filepath = '/content/MyGoogleDrive/My Drive/Colab Notebooks/資料檔/完成檔/Ch03/'
2 GooglePath = o_filepath
3 filename='PM25.csv'
4 df.to_csv(GooglePath + filename)
```

3-2-4 網路爬蟲

　　網路爬蟲 (web crawler) 是一種用來自動瀏覽全球資訊網 (WWW) 的網路機器人 (用白話講就是程式啦！)，可以讓我們直接從 html 網頁擷取所需的資料。

　　手動下載開放資料雖然方便，但是若遇到資料只呈現在網頁上，並未整理成檔案類型就無法以手動方式下載資料；或者是資料具有即時性，就得在時間內重複使用手動下載最新的資料。遇到以上狀況時，就可以利用網路爬蟲的方法，藉由設定時間自動取得資料，並進一步儲存或做資料處理。

　　透過瀏覽器所看到如下圖 (a) 的網頁，內容豐富且多采多姿，實際上這些呈現在眼前的效果都是由下圖 (b) 中密密麻麻的網頁原始碼所組合而成的。

大樂透

期別	開獎日	兌獎截止(註6)	銷售金額	獎金總額
109000091	109/10/16	110/01/18	140,227,550	78,527,428

	獎號						特別號
開出順序	07	44	28	25	47	33	19
大小順序	07	25	28	33	44	47	19

獎金分配

項目	頭獎	貳獎	參獎	肆獎	伍獎	陸獎	柒獎	普獎
對中獎號數	6個	任5個+特別號	任5個	任4個+特別號	任4個	任3個+特別號	任2個+特別號	任3個
中獎注數	0	1	37	98	2,401	3,420	33,625	44,355
單注獎金	0	2,542,372	73,998	17,960	2,000	1,000	400	400
累至次期獎金	32,073,010	0	0	0				

開出的號碼

▲ (a) 台灣彩券大樂透各期中獎號碼網頁

```
          <td colspan="2" class="td_org1"> 銷售金額 </td>
          <td colspan="3" class="td_org1"> 獎金總額</td>
      </tr>
      <tr>
          <td class="td_w" height="27"><span id="Lotto649Control_history_dlQuery_L649_DrawTerm_0">109000091</span></td>
          <td class="td_w"colspan="2"><span id="Lotto649Control_history1_dlQuery_ctl00_L649_DDate_
1_history_dlQuery_L649_DDate_0">109/10/16</span></td>
          <td class="td_w"colspan="2"><span id="Lotto649Control_history_dlQuery_L649_EDate_0">110/01/18</span></td>
          <td class="td_w"colspan="2"><span id="Lotto649Control_history_dlQuery_L649_SellAmount_0">140,227,550</span></td>
          <td  class="td_w"colspan="3"><span id="Lotto649Control_history_dlQuery_Total_0">78,527,428</span></td>
      </tr>
      <tr>
          <td colspan="8" class="td_org1"> 獎號 </td>
          <td colspan="2" class="td_org1">特別號</td>
      </tr>
      <tr>
          <td colspan="2" class="td_org2"> 開出順序 </td>
          <td width="80" class="td_w font_black14b_center"><span id="Lotto649Control_history_dlQuery_SNo1_0">07</span></td
          <td class="td_w font_black14b_center"><span id="Lotto649Control_history_dlQuery_SNo2_0">44</span></td>
          <td width="71" class="td_w font_black14b_center"><span id="Lotto649Control_history_dlQuery_SNo3_0">28</span></td>
          <td width="69" class="td_w font_black14b_center"><span id="Lotto649Control_history_dlQuery_SNo4_0">25</span></td>
          <td width="74" class="td_w font_black14b_center"><span id="Lotto649Control_history_dlQuery_SNo5_0">47</span></td>
          <td width="72" class="td_w font_black14b_center"><span id="Lotto649Control_history_dlQuery_SNo6_0">33</span></td>
          <td colspan="2" class="td_w font_red14b_center"><span id="SuperLotto638Control_history1_dlQuery_SNo7_0"><span id
      </tr>
      <tr>
          <td colspan="2" class="td_org2"> 大小順序 </td>
          <td class="td_w font_black14b_center"><span id="Lotto649Control_history_dlQuery_No1_0">07</span></td>
          <td class="td_w font_black14b_center"><span id="Lotto649Control_history_dlQuery_No2_0">25</span></td>
          <td class="td_w font_black14b_center"><span id="Lotto649Control_history_dlQuery_No3_0">28</span></td>
          <td class="td_w font_black14b_center"><span id="Lotto649Control_history_dlQuery_No4_0">33</span></td>
          <td class="td_w font_black14b_center"><span id="Lotto649Control_history_dlQuery_No5_0">44</span></td>
          <td class="td_w font_black14b_center"><span id="Lotto649Control_history_dlQuery_No6_0">47</span></td>
          <td colspan="2" class="td_w font_red14b_center"><span id="SuperLotto638Control_history_dlQuery_No7_0"><span id
      </tr>
```

開出的號碼

▲ (b) 台灣彩券大樂透各期中獎號碼網頁原始碼

　　網路爬蟲主要的功用就是從這些原始碼中透過解析網頁的內容資訊，找到並自動下載網頁中的文字、表格、圖片或連結。要完成此項繁複的任務雖然有很多不同的作法，然而，透過 pandas 就能輕易地完成[註1]。

　　表格是網頁中常見擺放數據的格式，利用 pandas 簡單的 read_html() 函式，就可以把網路上看起來複雜的表格資訊，快速轉變成資料框。以下就簡單介紹如何從台灣彩券大樂透入口網頁中抓取各期中獎號碼的資料。

 實作　網路爬蟲 - 台灣彩券　　　　　　　　　　　　EX3-2.4.ipynb

01　找到有表格的網頁，例如：台灣彩券大樂透各期中獎號碼網頁「https://www.taiwanlottery.com.tw/Lotto/Lotto649/history.aspx」。

註1　用 Python 做網頁爬蟲常用的還有「BeautifulSoup」套件，其數據剖析的功能強大，不過相較 pandas 複雜許多，有興趣者可上網參閱其用法。

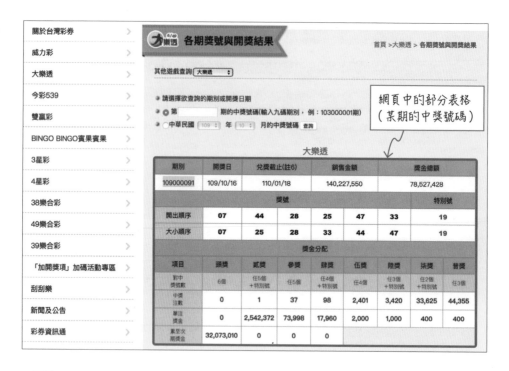

02 呼叫 pandas 的 read_html() 函式讀取網頁包含的所有表格。

```
1 import pandas as pd
2 url='https://www.taiwanlottery.com.tw/Lotto/Lotto649/history.aspx'
3 df = pd.read_html(url)
4 df
```

03 網頁中如果包含了許多表格，使用 pandas 的 read_html() 函式會依讀取的次序將讀到的表格由 0,1.. 來編號，不過有些可能是我們不需要的，必須稍做檢視。

▶　1 df

```
0
    0   期別 開獎日 兌獎截止(註6) 銷售金額 獎金總額 109000091 109/10/...
    1   期別 開獎日 兌獎截止(註6) 銷售金額 獎金總額 109000090 109/10/...
    2   期別 開獎日 兌獎截止(註6) 銷售金額 獎金總額 109000089 109/10/...
    3   期別 開獎日 兌獎截止(註6) 銷售金額 獎金總額 109000088 109/10/...
    4   期別 開獎日 兌獎截止(註6) 銷售金額 獎金總額 109000087 109/10/...
    5   期別 開獎日 兌獎截止(註6) 銷售金額 獎金總額 109000086 109/09/...
    6   期別 開獎日 兌獎截止(註6) 銷售金額 獎金總額 109000085 109/09/...
    7   期別 開獎日 兌獎截止(註6) 銷售金額 獎金總額 109000084 109/09/...
    8   期別 開獎日 兌獎截止(註6) 銷售金額 獎金總額 109000083 109/09/...
    9   期別 開獎日 兌獎截止(註6) 銷售金額 獎金總額 109000082 109/09/...
```

例如編號 1 這個資料框不是我們需要的

▶　1 df[2]

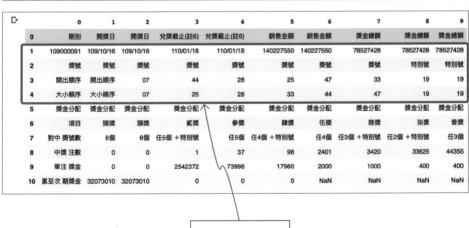

	0	1	2	3	4	5	6	7	8	9
0	期別	開獎日	開獎日	兌獎截止(註6)	兌獎截止(註6)	銷售金額	銷售金額	獎金總額	獎金總額	獎金總額
1	109000091	109/10/16	109/10/16	110/01/18	110/01/18	140227550	140227550	78527428	78527428	78527428
2	獎號	獎號	獎號	獎號	獎號	獎號	獎號	獎號	特別號	特別號
3	開出順序	開出順序	07	44	28	25	47	33	19	19
4	大小順序	大小順序	07	25	28	33	44	47	19	19
5	獎金分配	獎金分配	獎金分配	獎金分配	獎金分配	獎金分配	獎金分配	獎金分配	獎金分配	獎金分配
6	項目	頭獎	頭獎	貳獎	參獎	肆獎	伍獎	陸獎	柒獎	普獎
7	對中 獎號數	6個	6個	任5個＋特別號	任5個	任4個＋特別號	任4個	任3個＋特別號	任2個＋特別號	任3個
8	中獎 注數	0	0	1	37	98	2401	3420	33625	44355
9	單注 獎金	0	0	2542372	73998	17960	2000	1000	400	400
10	累至次 期獎金	32073010	32073010	0	0	0	NaN	NaN	NaN	NaN

編號 2 這個資料框是我們需要的

本章學習操演（一）

Alice 計畫搭乘郵輪展開為期 12 天的超夢幻南極之旅，這樣就可以近距離觀察自己最愛的企鵝寶寶。她決定在出發前先上網了解一下關於南極洲的天氣資料。剛好朋友也傳來了一份企鵝資料集 (penguin.csv)，她迫不及待地想要跟小 P 一起讀取並檢視看看其中有沒有什麼有趣的資料。

🐧 演練內容

1. 由南極洲 wikipedia 網址 (https://zh.wikipedia.org/zh-tw/ 南極洲) 中讀取各月份的溫度表格 (此網頁中的第 4 個表格)，並將表格資料儲存到雲端硬碟。

 提示　讀取網頁所有表格：read_html()
　　　儲存成 csv 檔案：to_csv(檔名 , index=False)

2. 讀取本章範例中的企鵝資料集 (penguin.csv)，檢視其中共有多少資料筆數，以及是否包含如下的欄位名稱和內容。

 提示 讀取 csv 檔案：read_csv(檔名)

欄位名稱	說明
ID	編號
Length_cm	身長
Weight_g	重量
Species	品種（共 4 種） • Chinstrap penguin（南極企鵝） • Little penguin（小藍企鵝） • Galapagos penguin（加拉帕戈斯企鵝） • Gentoo penguin（巴布亞企鵝）
Scientific Name	各品種企鵝的學名
Inspector	觀察員（有 7 個觀察小組）
Measurement Date	觀察日期 （各觀察小組於一年內每隔 3 個月， 於一個月裡記錄下所觀察到企鵝的資料）

3. 儲存結果：程式碼 Penguin03.ipynb，各月份溫度資料檔 Penguin03.csv。

🐧 參考結果

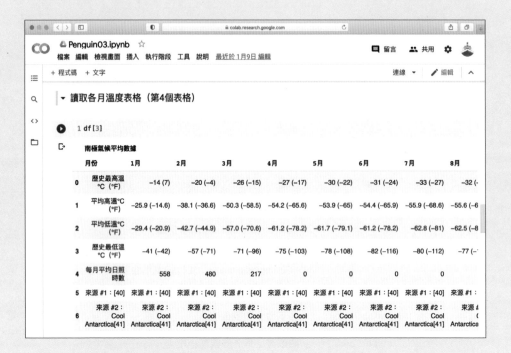

本章學習操演（二）

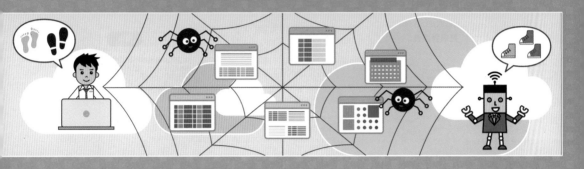

Bob 想要買一雙鞋給遠方的 Alice，打算送給她一個意外的驚喜。可是不知道她能穿的尺寸，該如何才能挑選到合適的鞋子呢？他上網找了一下資料，發現網路上有一則傳言：「鞋子的尺寸是身高除以 7」。鞋子的尺寸，是否真的和人的身材有關？

 演練內容

1. 首先從 Nike 網站中分別讀取男女鞋款的尺寸對照表（網頁中的第 1 個表格），並將表格資料儲存到雲端硬碟中。

   (提示) 讀取網頁所有表格：read_html()
   儲存成 csv 檔案：to_csv(檔名 , index=False)

● 女鞋尺寸對照表

https://img.nike.com.hk/resources/sizecart/womens-shoe-sizing-chart.html

尺碼對照表　　　　　　　　　　　　　　　　　　　英寸　釐米

腳長（釐米）	EU	CM	UK	US
22	35.5	22	2.5	5
22.4	36	22.5	3	5.5
22.9	36.5	23	3.5	6
23.3	37.5	23.5	4	6.5
23.7	38	24	4.5	7
24.1	38.5	24.5	5	7.5
24.5	39	25	5.5	8

● 男鞋尺寸對照表

https://img.nike.com.hk/resources/sizecart/mens-shoe-sizing-chart.html

尺碼對照表

腳長（釐米）	CM	EU	UK	US
21.6	22.5	35.5	3	3.5
22	23	36	3.5	4
22.4	23.5	36.5	4	4.5
22.9	23.5	37.5	4.5	5
23.3	24	38	5	5.5
23.7	24	38.5	5.5	6
24.1	24.5	39	6	6.5
24.5	25	40	6	7

2. 朋友傳給 Bob 一個男、女生穿鞋尺寸的資料集 (ShoeSize.csv)，他立馬讀取並檢視其中共有多少資料筆數，以及是否包含如下的欄位名稱和內容。

 提示：讀取 csv 檔案：read_csv(檔名)

	欄位名稱	說明
1	ID	資料編號
2	Gender	性別
3	Height_cm	身高，以 cm（公分）為單位
4	Weight_kg	體重，以 kg（公斤）為單位
5	Shoe size_cm	鞋的尺寸，以 cm（公分）為單位

3. 儲存結果：程式碼 Shoes03.ipynb，女鞋尺寸對照表資料檔 F_Shoe-size.csv，男鞋尺寸對照表資料檔 M_Shoesize.csv。

參考結果

DataFrame 資料框

觀察
- 詳細資訊 info()
- 數值統計 describe()
- 重複資料 duplicated()
- 行列個數 shape()
- 行索引 .columns
- 列索引 .index

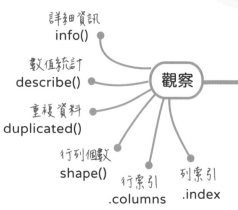

查詢
- 最大值 max()
- 最小值 min()
- 平均值 mean()
- 選取
  - 行資料
    - 單行 df['行索引']
    - 多行 df[['行索引串列']]
  - 列資料 df[[列索引m：列索引n]]
  - 資料格 df.iloc[列索引,行索引]
  - 條件式 df[條件式]

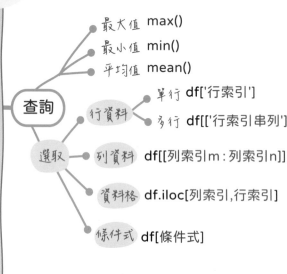

修改
- df['行索引'].fillna() 補缺值
- 修改資料格的值 df.iloc[列索引,行索引]=值
- df['行索引'].map() 轉換

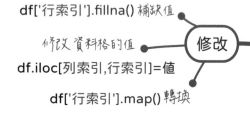

排序
- 行索引 sort_value('行索引')
- 列索引 sort_index()

新增
- df['行索引']=序列/串列 行資料
- df.append() 列資料
- 資料框 df=pandas.DataFrame([串列1, 串列2, …])

刪除
- 重複資料 df.drop_duplicates()
- 行資料 df.drop(['行索引'],axis=1)
- 列資料 df.drop(['列索引'],axis=0)

第4章

初探資料科學（一）：
用 pandas 做資料前處理

在第三章我們學會了如何取得資料、轉成 pandas 的資料框，並儲存和讀取 CSV 檔。在本章中，將以學會處理 pandas 資料框結構內的資料為目標，持續介紹利用資料框的功能進行資料前處理。

4-1　常見的資料處理工作

進行資料科學過程中的分析資料之前，需將取得的資料進行觀察及再處理，常見的資料處理工作有觀察、過濾、刪除重複資料和補缺失值。

 ## 4-1-1　資料觀察

搜集到的資料難免會有些不完整，通常拿到資料之後要先進行檢視，若察覺有誤就需加以處理。pandas 套件提供許多觀察的函式，例如：前一章所介紹的 head()，此外還有 info()、describe()、duplicated() 等，以避免人為因素造成的遺漏。

以下我們使用本章 CSV 範例檔「學生成績檔 .csv」來進行資料的前處理，其中包含某班 40 位同學五次的平時成績，如下圖所示。

ID	name	sex	email	第1次平時考	第2次平時考	第3次平時考	第4次平時考	第5次平時考
1080001	丁軒軒	男	1080001@sun.tc.edu.tw	86	88	82	87	92
1080002	王倫樺	女	1080002@sun.tc.edu.tw	92	100	95	99	96
1080003	何宜敏	女	1080003@sun.tc.edu.tw	82	87	86	82	82
1080004	何志陞	男	1080004@sun.tc.edu.tw	91	92	99	91	92
1080005	吳一歌	女	1080005@sun.tc.edu.tw	93		92	97	98
1080006	宋緯挺	男	1080006@sun.tc.edu.tw	84	81	83	90	88
1080006	宋緯挺	男	1080006@sun.tc.edu.tw	84	81	83	90	88
1080007	李宇綸	女	1080007@sun.tc.edu.tw	82	76	89	87	85
1080008	李蕙勝	男	1080008@sun.tc.edu.tw	-1	-1	-1	-1	-1
1080009	杜以潔	女	1080009@sun.tc.edu.tw	53	56	57	54	53
1080010	沈程隆	男	1080010@sun.tc.edu.tw	81	77	84	86	83

▲「學生成績檔 .csv」內的資料

info( ) 函式

印出資料框各行(欄)所包含的內容

資料框名稱.info()

可以了解是否需要進行資料修補

describe( ) 函式

印出資料框相關的統計數據

資料框名稱.describe()

- count：行的資料個數。
- mean：行的資料平均值。
- std：行的資料標準差。
- min：行的資料最小值。
- max：行的資料最大值。
- 25%：行的資料由小到大排名前25%的值。
- 50%：行的資料由小到大排名前50%的值，即中位數。
- 75%：行的資料由小到大排名前75%的值。

duplicated() 函式

檢測重複的記錄(列資料)

資料框名稱.duplicated()

執行這個敘述得到True(真)時，代表那一筆編號(列索引)的資料和另一筆資料重複。　☆ ☆ ☆

drop_duplicates() 函式

刪除重複的記錄(列資料)

資料框名稱2 = 資料框名稱1.drop_duplicates()

重複的刪除！

1. 資料框名稱相同時，會將刪除後的結果直接更新到原資料框。
2. 二者不相同則將結果更新到資料框2，而原資料框1並不會改變。

實作　觀察資料框和刪除重複記錄　　　EX4-1.1.ipynb

> **01**　首先讀取 Google 雲端硬碟中的 CSV 檔案「學生成績檔 -4-
> 1.1.csv」並轉成資料框型別，呼叫 head() 函式顯示前 5 筆記錄，
> 也可以使用 print(df) 敘述顯示所有的記錄。

```
1 from google.colab import drive
2 drive.mount('/content/MyGoogleDrive')
3 import pandas as pd
4 df=pd.read_csv(i_filepath + '學生成績檔-4-1.1.csv')
5 df.head()
```

Drive already mounted at /content/MyGoogleDrive; to attempt to forcibly remount, call drive.mount

	ID	name	sex	email	第1次平時考	第2次平時考	第3次平時考	第4次平時考	第5次平時考
0	1080001	丁軒軒	男	1080001@sun.tc.edu.tw	86	88.0	82.0	87	92.0
1	1080002	王倫樺	女	1080002@sun.tc.edu.tw	92	100.0	95.0	99	96.0
2	1080003	何宜敏	女	1080003@sun.tc.edu.tw	82	87.0	86.0	82	82.0
3	1080004	何志陞	男	1080004@sun.tc.edu.tw	91	92.0	99.0	91	92.0
4	1080005	吳一歌	女	1080005@sun.tc.edu.tw	93	NaN	92.0	97	98.0

> **02**　接著呼叫 info() 函式印出各行所包含的內容，仔細觀察之後發現
> 以下的問題：

(1) 全班共有 40 位同學，但 ID、name、sex、email、第 1 次平時
考、第 4 次平時考，怎麼多出一筆記錄變 41 筆呢？

(2) 第 2 次平時考：以表中 41 筆記錄來說，少了兩筆記錄？

(3) 第 3 次平時考、第 5 次平時考：以表中有 41 筆記錄來說，也
各少了一筆記錄？

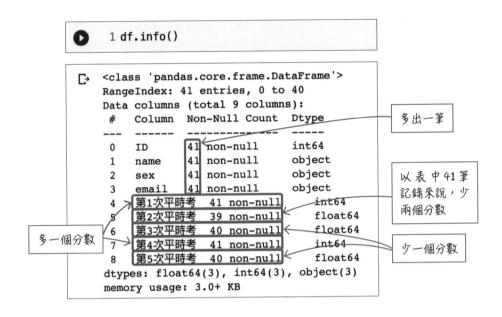

呼叫 describe() 函式後，也可以從下圖中 count 的數據發現如 info() 函式顯示的問題，另外還有一些統計上的數據，例如：從 mean 可以發現全班成績逐漸進步中。

03

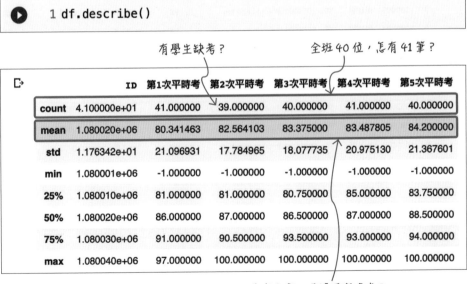

04 呼叫 duplicated() 函式檢查資料有無重複的情形,結果發現內定列
索引 (編號) 6 和別的資料重複了。

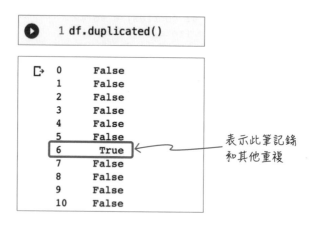

```
  1 df.duplicated()
```

```
0     False
1     False
2     False
3     False
4     False
5     False
6     True          ← 表示此筆記錄
7     False            和其他重複
8     False
9     False
10    False
```

```
  1 df    ← 列印出來看看
```

	ID	name	sex	email	第1次平時考	第2次平時考	第3次平時考	第4次平時考
0	1080001	丁軒軒	男	1080001@sun.tc.edu.tw	86	88.0	82.0	87
1	1080002	王倫樺	女	1080002@sun.tc.edu.tw	92	100.0	95.0	99
2	1080003	何宜敏	女	1080003@sun.tc.edu.tw	82	87.0	86.0	82
3	1080004	何志陞	男	1080004@sun.tc.edu.tw	91	92.0	99.0	91
4	1080005	吳一歌	女	1080005@sun.tc.edu.tw	93	NaN	92.0	97
5	1080006	宋緯挺	男	1080006@sun.tc.edu.tw	84	81.0	83.0	90
6	1080006	宋緯挺	男	1080006@sun.tc.edu.tw	84	81.0	83.0	90
7	1080007	李宇綸	女	1080007@sun.tc.edu.tw	82	76.0	89.0	87
8	1080008	李憲勝	男	1080008@sun.tc.edu.tw	-1	-1.0	-1.0	-1
9	1080009	杜以潔	女	1080009@sun.tc.edu.tw	53	56.0	57.0	54

此二筆為重複的記錄

05 呼叫 drop_duplicates() 函式將重複的列資料刪除,接著再次呼叫
info() 函式查看,發現資料個數已符合。

```
1 df = df.drop_duplicates()
2 df.info()
```

```
<class 'pandas.core.frame.DataFrame'>
Int64Index: 40 entries, 0 to 40
Data columns (total 9 columns):
 #   Column    Non-Null Count   Dtype
---  ------    --------------   -----
 0   ID        40  non-null     int64
 1   name      40  non-null     object
 2   sex       40  non-null     object
 3   email     40  non-null     object
 4   第1次平時考   40 non-null     int64
 5   第2次平時考   38 non-null     float64
 6   第3次平時考   39 non-null     float64
 7   第4次平時考   40 non-null     int64
 8   第5次平時考   39 non-null     float64
dtypes: float64(3), int64(3), object(3)
memory usage: 3.1+ KB
```

已刪除 1 筆重複記錄

```
1 df
```

	ID	name	sex	email	第1次平時考	第2次平時考	第3次平時考	第4次平時考	第5次平時考
0	1080001	丁軒軒	男	1080001@sun.tc.edu.tw	86	88.0	82.0	87	92.0
1	1080002	王倫樺	女	1080002@sun.tc.edu.tw	92	100.0	95.0	99	96.0
2	1080003	何宜敏	女	1080003@sun.tc.edu.tw	82	87.0	86.0	82	82.0
3	1080004	何志陞	男	1080004@sun.tc.edu.tw	91	92.0	99.0	91	92.0
4	1080005	吳一歌	女	1080005@sun.tc.edu.tw	93	NaN	92.0	97	98.0
5	1080006	宋緯挺	男	1080006@sun.tc.edu.tw	84	81.0	83.0	90	88.0
7	1080007	李宇綸	女	1080007@sun.tc.edu.tw	82	76.0	89.0	87	85.0
8	1080008	李蕙勝	男	1080008@sun.tc.edu.tw	-1	-1.0	-1.0	-1	-1.0
9							57.0	54	53.0
10							84.0	86	83.0

刪除重複列資料後，列索引（編號）並不會自動遞補更新，在後面 4-14 頁會教您如何解決這一點

06 儲存結果「學生成績檔-4-1.1-ANS.csv」。

```
1 o_filepath = '/content/MyGoogleDrive/My Drive/Colab Notebooks/資料檔/完成檔/Ch04/'
2 GooglePath = o_filepath
3 filename='學生成績檔-4-1.1-ANS.csv'
4 df.to_csv(GooglePath + filename, index=False)
```

將結果存成 CSV 檔

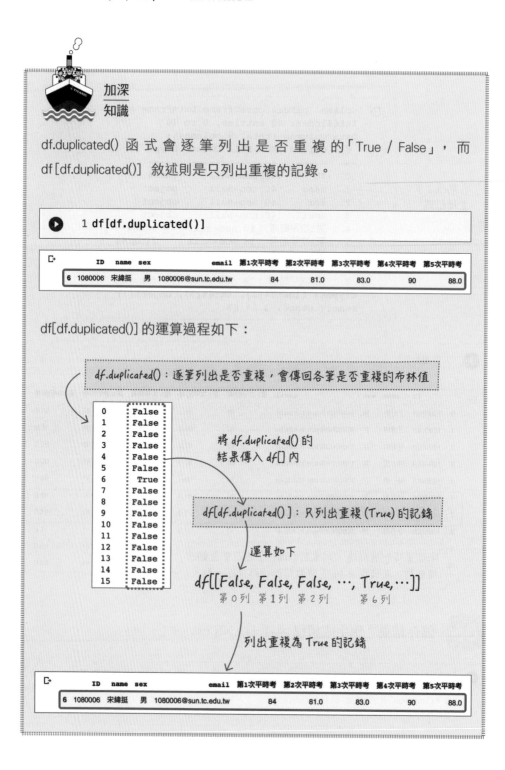

df.duplicated() 函式會逐筆列出是否重複的「True / False」，而 df[df.duplicated()] 敘述則是只列出重複的記錄。

```
1 df[df.duplicated()]
```

	ID	name	sex	email	第1次平時考	第2次平時考	第3次平時考	第4次平時考	第5次平時考
6	1080006	宋緯挺	男	1080006@sun.tc.edu.tw	84	81.0	83.0	90	88.0

df[df.duplicated()] 的運算過程如下：

df.duplicated()：逐筆列出是否重複，會傳回各筆是否重複的布林值

```
0    False
1    False
2    False
3    False
4    False
5    False
6    True
7    False
8    False
9    False
10   False
11   False
12   False
13   False
14   False
15   False
```

將 df.duplicated() 的結果傳入 df[] 內

df[df.duplicated()]：只列出重複 (True) 的記錄

運算如下

df[[False, False, False, …, True,…]]
　　　 第0列　第1列　第2列　　第6列

列出重複為 True 的記錄

	ID	name	sex	email	第1次平時考	第2次平時考	第3次平時考	第4次平時考	第5次平時考
6	1080006	宋緯挺	男	1080006@sun.tc.edu.tw	84	81.0	83.0	90	88.0

加廣知識

pandas 的資料框提供許多資料觀察的函式，讓我們可以快速地掌握資料框的內容，除了 head()、info()、describe()、duplicated() 函式外，以下再介紹幾個常用的函式：

shape 函式

印出資料框的列數及行數

資料框名稱.shape

> 結果是用一對數值 (m, n) 表示資料框有 m 列、n 行。

```
1 df.shape
```

```
(41, 9)
```

columns 函式

印出資料框的行索引

資料框名稱.columns[N]

> [N] 若省略，會印出所有的行索引。

```
1 df.columns
```

```
Index(['ID', 'name', 'sex', 'email', '第1次平時考', '第2次平時考', '第3次平時考', '第4次平時考',
       '第5次平時考'],
      dtype='object')
```

```
1 df.columns[4]
```

```
'第1次平時考'
```

接下頁

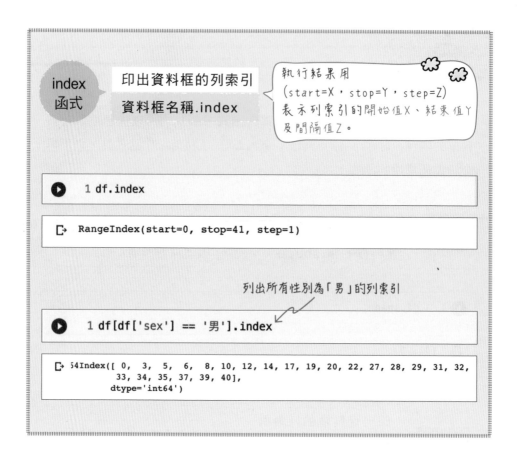

 4-1-2　資料篩選、刪除列資料與行資料

　　若要刪除資料表的某些記錄，例如：某位同學經常請假，導致有多次平時考沒有成績、或是某次平時考全班成績不盡理想等，那就可以先將資料篩選出來，接著呼叫 drop() 函式來刪除。

資料篩選

篩選資料框資料

運算子

串列名稱 = 資料框名稱['行索引'] == 值

1. 針對該行索引的元素逐一檢查，得到結果為「True/False」的序列。
2. 搭配使用邏輯運算子可以篩選符合多個條件的記錄。

比較運算子		
==(等於)	> (大於)	>=(大於等於)
!=(不等於)	< (小於)	<=(小於等於)

邏輯運算子		
&(且)	|(或)	~(非)

運算子

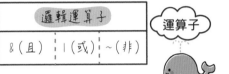

4

例 `filter = df['第1次平時考'] == -1`　　篩選第1次平時考缺考(分數是-1)

例 `x = (df['第1次平時考'] >= 90) & (df['第2次平時考'] < 60)`

篩選「第1次平時考大於等於90分」且「第2次平時考小於60分」

drop() 函式

刪除資料框的列資料(記錄)/行資料(欄)

資料框名稱2 = 資料框名稱1.drop(索引, axis = 0或1)

1. 資料框名稱相同時，會將刪除後的結果直接更新到原資料框。
2. 一次要刪除多列(行)資料時，索引要寫成串列。

```
axis = 0或省略：刪除列資料
axis = 1：刪除行資料
```

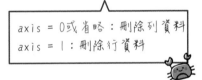

例 `df = df.drop([1,3], axis = 0)`　刪除列索引「1」和「3」的兩列資料

也可寫成 ⤶
```
a = [1,3]
df = df.drop(a)
```

例 `df = df.drop('第1次平時考', axis = 1)`　刪除行索引為「第1次平時考」的整行資料

實作 **資料篩選、刪除列 / 行資料** EX4-1.2.ipynb

01 首先讀取「學生成績檔 -4-1.2.csv」並轉成資料框型別，接著篩選出「第 1 次平時考」分數被標註為「-1」（缺考）的同學。

```
1 from google.colab import drive
2 drive.mount('/content/MyGoogleDrive')
3 import pandas as pd
4 df=pd.read_csv(i_filepath + '學生成績檔-4-1.2.csv')
5 filter = df['第1次平時考'] == -1  ← 進行篩選
6 print(filter)
```

```
Drive already mounted at /content/MyGoogleDrive; to attempt
0       False
1       False
2       False
3       False
4       False
5       False
6       False
7       True    ← True：表示此筆記錄的「第 1 次平
8       False         時考」分數被標註為「-1」（缺考）
9       False
10      False
11      True
12      False
13      False
14      False
15      False
```

02 印出所有符合 **01** 篩選出的同學資料，分別是列索引 7 及 11 二位同學。

```
1 df[filter]
```

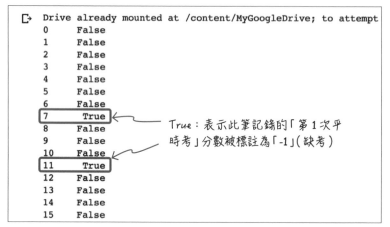

	ID	name	sex	email	第1次平時考	第2次平時考	第3次平時考	第4次平時考	第5次平時考
7	1080008	李熹勝	男	1080008@sun.tc.edu.tw	-1	-1.0	-1.0	-1	-1.0
11	1080012	林絜峰	男	1080012@sun.tc.edu.tw	-1	75.0	66.0	-1	-1.0

缺考

03 呼叫 drop() 函式刪除篩選出來的列索引 7、11 的資料。

```
1 i = df[filter].index    #找出所有符合條件的記錄索引
2 df = df.drop(i, axis = 0)
3 df
```

列索引 7 及 11 的資料已被刪除

```
/usr/local/lib/python3.6/dist-packages/ipykernel_launcher.py:1: UserWarning: Boolean Series key will
"""Entry point for launching an IPython kernel.
```

	ID	name	sex	email	第1次平時考	第2次平時考	第3次平時考	第4次平時考	第5次平時考
0	1080001	丁軒軒	男	1080001@sun.tc.edu.tw	86	88.0	82.0	87	92.0
1	1080002	王倫樺	女	1080002@sun.tc.edu.tw	92	100.0	95.0	99	96.0
2	1080003	何宜敏	女	1080003@sun.tc.edu.tw	82	87.0	86.0	82	82.0
3	1080004	何志陞	男	1080004@sun.tc.edu.tw	91	92.0	99.0	91	92.0
4	1080005	吳一歌	女	1080005@sun.tc.edu.tw	93	NaN	92.0	97	98.0
5	1080006	宋緯挺	男	1080006@sun.tc.edu.tw	84	81.0	83.0	90	88.0
6	1080007	李宇綸	女	1080007@sun.tc.edu.tw	82	76.0	89.0	87	85.0
8	1080009	杜以潔	女	1080009@sun.tc.edu.tw	53	56.0	57.0	54	53.0
9	1080010	沈程隆	男	1080010@sun.tc.edu.tw	81	77.0	84.0	86	83.0
10	1080011	沈慈惠	女	1080011@sun.tc.edu.tw	87	84.0	90.0	87	92.0
12	1080013	林保苓	女	1080013@sun.tc.edu.tw	92	94.0	99.0	96	94.0
13	1080014	林宏銘	男	1080014@sun.tc.edu.tw	60	56.0	58.0	85	88.0

04 儲存結果「學生成績檔 -4-1.2-ANS.csv」。

```
1 o_filepath = '/content/MyGoogleDrive/My Drive/Colab Notebooks/資料檔/完成檔/Ch04/'
2 GooglePath = o_filepath
3 filename='學生成績檔-4-1.2-ANS.csv'
4 df.to_csv(GooglePath + filename, index=False)
```

加深
知識

刪除（drop）列資料後，列的內定索引（列編號）並不會自動遞補更新，必須呼叫 reset_index() 函式將列索引重新編號。資料框如果採用自定索引，則不會有編號缺漏的問題。

reset_index()
函式

將列索引重新編號

資料框2 = 資料框1.reset_index(drop=True/False)

drop=True：用來更新原本的內定索引。

drop=False或省略：重新編號內定索引，
　　　　　　　　　並將原索引 (有缺漏)
　　　　　　　　　保留下來新增成一行。

例：

```
1 df1 = df.drop(2)
2 df1.head()
```

列索引 2 的記錄被刪除，內定索引（列編號）並不會自動遞補更新

	ID	name	sex	email	第1次平時考	第2次平時考	第3次平時考	第4次平時考	第5次平時考
0	1080001	丁軒軒	男	1080001@sun.tc.edu.tw	86	88.0	82.0	87	92.0
1	1080002	王倫樺	女	1080002@sun.tc.edu.tw	92	100.0	95.0	99	96.0
3	1080004	何志陞	男	1080004@sun.tc.edu.tw	91	92.0	99.0	91	92.0
4	1080005	吳一歌	女	1080005@sun.tc.edu.tw	93	NaN	92.0	97	98.0
5	1080006	宋緯挺	男	1080006@sun.tc.edu.tw	84	81.0	83.0	90	88.0

接下頁

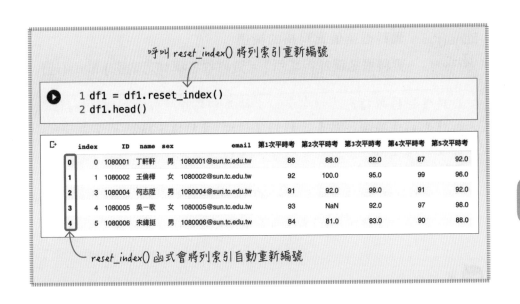

呼叫 reset_index() 將列索引重新編號

```
1 df1 = df1.reset_index()
2 df1.head()
```

	index	ID	name	sex	email	第1次平時考	第2次平時考	第3次平時考	第4次平時考	第5次平時考
0	0	1080001	丁軒軒	男	1080001@sun.tc.edu.tw	86	88.0	82.0	87	92.0
1	1	1080002	王倫樺	女	1080002@sun.tc.edu.tw	92	100.0	95.0	99	96.0
2	3	1080004	何志陞	男	1080004@sun.tc.edu.tw	91	92.0	99.0	91	92.0
3	4	1080005	吳一歌	女	1080005@sun.tc.edu.tw	93	NaN	92.0	97	98.0
4	5	1080006	宋緯挺	男	1080006@sun.tc.edu.tw	84	81.0	83.0	90	88.0

reset_index() 函式會將列索引自動重新編號

 ## 4-1-3　補上缺失值

　　資料分析時資料的完整性是很重要的，在資料表中有缺失值的部份通常會將之標示成「NaN」(null、空值)，如果想要補上資料表中的空值，可以藉助 pandas 提供的 fillna() 函式來完成。

isnull()
函式

> 檢查資料框空值的資料格
>
> 資料框名稱2 = pd.isnull(資料框名稱1)

> 1. 檢查「資料框名稱1」後會產生一個由「True/False」組成的資料框(資料框名稱2)
> 2. 資料格「True」表示為空值「NaN」

**fillna()
函式**

資料框空值資料格的補值

資料框名稱2['行索引'] = 資料框名稱1['行索引'].fillna(值)

1. 將資料框內指定「行索引」中所有的空值「NaN」以fillna()
指定的值補值，並產生新的資料框(資料框名稱2)。
2. 資料框名稱相同時，會將補值後的結果直接更新到原資料框。

例 ► df['第2次平時考'] = df['第2次平時考'].fillna(60)

df資料框「第2次平時考」那一行的空值資料格皆給予60

 實作　空值資料檢查及補值　　　　　　　　　　**EX4-1.3.ipynb**

01 首先讀取「學生成績檔 -4-1.3.csv」並轉成資料框型別，呼叫
isnull() 函式可以快速檢查出資料框中何處有「NaN」的資料格，
例如：「第 2 次平時考」的列索引 4。

```
1 from google.colab import drive
2 drive.mount('/content/MyGoogleDrive')
3 import pandas as pd
4 df=pd.read_csv(i_filepath + '學生成績檔-4-1.3.csv')
5 df.info()
```

```
Drive already mounted at /content/MyGoogleDrive; to attempt to forcibly remount,
<class 'pandas.core.frame.DataFrame'>
RangeIndex: 38 entries, 0 to 37
Data columns (total 9 columns):
 #   Column      Non-Null Count   Dtype
---  ------      --------------   -----
 0   ID          38 non-null      int64
 1   name        38 non-null      object
 2   sex         38 non-null      object
 3   email       38 non-null      object
 4   第1次平時考    38 non-null      int64
 5   第2次平時考    36 non-null      float64
 6   第3次平時考    37 non-null      float64
 7   第4次平時考    38 non-null      int64
 8   第5次平時考    37 non-null      float64
dtypes: float64(3), int64(3), object(3)
memory usage: 2.8+ KB
```

原始資料中缺了 2 筆分數

```
1 df1 = pd.isnull(df)
2 df1
```

	ID	name	sex	email	第1次平時考	第2次平時考	第3次平時考	第4次平時考	第5次平時考
0	False	False	False	False	False	False	False	False	False
1	False	False	False	False	False	False	False	False	False
2	False	False	False	False	False	False	False	False	False
3	False	False	False	False	False	False	False	False	False
4	False	False	False	False	False	True	False	False	False
5	False	False	False	False	False	False	False	False	False
6	False	False	False	False	False	False	False	False	False
7	False	False	False	False	False	False	False	False	False
8	False	False	False	False	False	False	False	False	False
9	False	False	False	False	False	False	False	False	False

缺的其中一筆是列索引4，在 df 內的數據為「NaN」

02 針對成績是「NaN」的資料格，本例中採用該次考試全班同學的平均分數來補上缺值。mean() 函式可用來計算平均，在本章稍後會再做詳細的說明。

計算第 2 次平時考的平均　　　*以平均來補值*

```
1 x = df['第2次平時考'].mean()
2 df['第2次平時考'] = df['第2次平時考'].fillna(x)
3 df
```

	ID	name	sex	email	第1次平時考	第2次平時考	第3次平時考	第4次平時考	第5次平時考
0	1080001	丁軒軒	男	1080001@sun.tc.edu.tw	86	88.000000	82.0	87	92.0
1	1080002	王倫樺	女	1080002@sun.tc.edu.tw	92	100.000000	95.0	99	96.0
2	1080003	何宜敏	女	1080003@sun.tc.edu.tw	82	87.000000	86.0	82	82.0
3	1080004	何志陞	男	1080004@sun.tc.edu.tw	91	92.000000	99.0	91	92.0
4	1080005	吳一歌	女	1080005@sun.tc.edu.tw	93	85.138889	92.0	97	98.0
5	1080006	宋緯挺	男	1080006@sun.tc.edu.tw	84	81.000000	83.0	90	88.0
6	1080007	李宇綸	女	1080007@sun.tc.edu.tw		79.000000		87	85.0
7	1080009	杜以潔	女	1080009@sun.tc.edu.tw				54	53.0
8	1080010	沈程隆	男	1080010@sun.tc.edu.tw	81	77.000000	84.0	86	83.0
9	1080011	沈慈惠	女	1080011@sun.tc.edu.tw	87	84.000000	90.0	87	92.0

以平均分數補上空值

```
1 df.info()
```

再看一次內容

```
<class 'pandas.core.frame.DataFrame'>
RangeIndex: 38 entries, 0 to 37
Data columns (total 9 columns):
 #   Column     Non-Null Count  Dtype
---  ------     --------------  -----
 0   ID         38 non-null     int64
 1   name       38 non-null     object
 2   sex        38 non-null     object
 3   email      38 non-null     object
 4   第1次平時考    38 non-null     int64
 5   第2次平時考    38 non-null     float64
 6   第3次平時考    37 non-null     float64
 7   第4次平時考    38 non-null     int64
 8   第5次平時考    37 non-null     float64
dtypes: float64(3), int64(3), object(3)
memory usage: 2.8+ KB
```

原始 36 筆記錄
已補值成 38 筆

03 同理，將其他次平時考 (每行) 缺值的資料格分別補上該次全班的
平均分數。

```
1 x = df['第3次平時考'].mean()
2 df['第3次平時考'] = df['第3次平時考'].fillna(x)
3 x = df['第5次平時考'].mean()
4 df['第5次平時考'] = df['第5次平時考'].fillna(x)
5 df.info()
```

```
<class 'pandas.core.frame.DataFrame'>
RangeIndex: 38 entries, 0 to 37
Data columns (total 9 columns):
 #   Column     Non-Null Count  Dtype
---  ------     --------------  -----
 0   ID         38 non-null     int64
 1   name       38 non-null     object
 2   sex        38 non-null     object
 3   email      38 non-null     object
 4   第1次平時考    38 non-null     int64
 5   第2次平時考    38 non-null     float64
 6   第3次平時考    38 non-null     float64
 7   第4次平時考    38 non-null     int64
 8   第5次平時考    38 non-null     float64
dtypes: float64(3), int64(3), object(3)
memory usage: 2.8+ KB
```

所有缺值資料已全部補上該次的平均分數

加廣知識

對於資料不齊全的問題，若不想補值，而是考慮把有「NaN」資料格的列資料（記錄）或行資料（欄）刪除，pandas 也提供了 dropna() 函式來處理。

dropna() 函式

刪除資料框中包含空值(NaN)的列/行資料

資料框名稱 = 資料框名稱.dropna(axis = 0或1)

axis= 0或省略：刪除所有包含「NaN」的「列」資料。
axis = 1：刪除所有包含「NaN」的「行」資料。

例▶ df = df.dropna()　將df資料框有「NaN」的「列」資料全部刪除

例▶ df = df.dropna(axis = 1)　將df資料框有「NaN」的「行」資料全部刪除

04 儲存結果「學生成績檔 -4-1.3-ANS.csv」。

```
1 o_filepath = '/content/MyGoogleDrive/My Drive/Colab Notebooks/資料檔/完成檔/Ch04/'
2 GooglePath = o_filepath
3 filename='學生成績檔-4-1.3-ANS.csv'
4 df.to_csv(GooglePath + filename, index=False)
```

4-1-4　資料轉換

　　在資料科學或機器學習建立模型時最常使用的就是數值資料，原本資料表的字串、真假值 (True/False) 等就會使用資料轉換 (如：' 男 ' → 1、' 女 ' → 0) 來達到目的。

對應
關係

變數名稱 = {原值:新值, 原值:新值, 原值:新值,...}

1. { } 括號內可以放一個以上的對應關係。
2. 每個對應關係之間以逗號「,」分隔。

例 ▶ s = {' 男 ': l, ' 女 ': 0}　　將 ' 男 ' 對應為 l、' 女 ' 對應為 0

map()
函式

轉換行資料

資料框名稱2['行索引'] =
資料框名稱1['行索引'].map(對應關係的變數名稱)

1. 針對資料框整行資料內的值進行轉換。
2. 可將對應關係先儲存於變數，也可以直接寫入。
3. 資料框名稱相同時，會將轉換後的結果直接更新到原資料框。

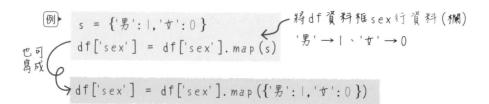

例 ▶ s = {' 男 ': l, ' 女 ': 0}
　　df['sex'] = df['sex'].map(s)　　← 將 df 資料框 sex 行資料 (欄)
　　　　　　　　　　　　　　　　　　　' 男 ' → l、' 女 ' → 0

也可
寫成

df['sex'] = df['sex'].map({' 男 ': l, ' 女 ': 0})

實作　**資料轉換**　　　　　　　　　　　　　　　　EX4-1.4.ipynb

01　首先讀取「學生成績檔 -4-1.4.csv」並轉成資料框型別。

```
1 from google.colab import drive
2 drive.mount('/content/MyGoogleDrive')
3 import pandas as pd
4 df=pd.read_csv(i_filepath + '學生成績檔-4-1.4.csv')
5 df.head()
```

Drive already mounted at /content/MyGoogleDrive; to attempt to forcibly remount, call drive.mount("

	ID	name	sex	email	第1次平時考	第2次平時考	第3次平時考	第4次平時考	第5次平時考
0	1080001	丁軒軒	男	1080001@sun.tc.edu.tw	86	88.000000	82.0	87	92.0
1	1080002	王倫樺	女	1080002@sun.tc.edu.tw	92	100.000000	95.0	99	96.0
2	1080003	何宜敏	女	1080000		7.000000	86.0	82	82.0
3	1080004	何志陞	男	108000		2.000000	99.0	91	92.0
4	1080005	吳一歌	女	1080005@sun.tc.edu.tw	93	85.138889	92.0	97	98.0

原始資料為「男、女」

02 進行資料轉換之前，首先要建立一個對應關係，再將建好的對應關係透過 map() 函式進行轉換。

```
1 s = {'男': 1, '女':0}
2 df['sex']=df['sex'].map(s)
3 df.head()
```

	ID	name	sex	email	第1次平時考	第2次平時考	第3次平時考	第4次平時考	第5次平時考
0	1080001	丁軒軒	1	1080001@sun.tc.edu.tw	86	88.000000	82.0	87	92.0
1	1080002	王倫樺	0	1080002@sun.tc.edu.tw	92	100.000000	95.0	99	96.0
2	1080003	何宜敏	0	1080000		0	86.0	82	82.0
3	1080004	何志陞	1	108000		0	99.0	91	92.0
4	1080005	吳一歌	0	1080005@sun.tc.edu.tw	93	85.138889	92.0	97	98.0

轉換後「男→1、女→0」

03 儲存結果「學生成績檔 -4-1.4-ANS.csv」。

```
1 o_filepath = '/content/MyGoogleDrive/My Drive/Colab Notebooks/資料檔/完成檔/Ch04/'
2 GooglePath = o_filepath
3 filename='學生成績檔-4-1.4-ANS.csv'
4 df.to_csv(GooglePath + filename, index=False)
```

4-2 資料框的資料處理

一般試算表的操作經常會使用到如：選取、修改、排序、統計數據、增刪行列等的技巧。對於資料框而言，這些也都是必備的基本技能。

 4-2-1 選取行資料

要修改資料表的內容，首先需要了解的是如何選取行資料、列資料及資料格。

選取行資料

序列Series

單行 df['第1次平時考']

行索引 →

第1次平時考	第2次平時考	第3次平時考	第4次平時考	第5次平時考
86	88	82	87	92
92	100	95	99	96
82	87	86	82	82
91	92	99	91	92
93	85	92	97	98
84	81	83	90	88
82	76	89	87	85

多行 df[['第2次平時考','第4次平時考','第5次平時考']]

資料框DataFrame

實作 以「自定索引」選取行資料　　　　　　　EX4-2.1.ipynb

01 首先讀取「學生成績檔 -4-2.1.csv」並轉成資料框型別，選取「第
1 次平時考」的單行資料，並印出前 5 筆資料。

```
1 from google.colab import drive
2 drive.mount('/content/MyGoogleDrive')
3 import pandas as pd
4 df=pd.read_csv(i_filepath + '學生成績檔-4-2.1.csv')
5 df['第1次平時考'].head()
```

印出第 1 次時平時考的前 5 筆資料

```
Drive already mounted at /content/MyGoogleDrive; to attempt to for
0    86
1    92
2    82
3    91
4    93
Name：第1次平時考, dtype: int64
```

02 底下則是選取所有平時考的多行資料，並印出前 5 筆資料。

```
1 df[['第1次平時考','第2次平時考','第3次平時考','第4次平時考','第5次平時考']].head()
```

注意前後都是兩個中括號

	第1次平時考	第2次平時考	第3次平時考	第4次平時考	第5次平時考
0	86	88.000000	82.0	87	92.0
1	92	100.000000	95.0	99	96.0
2	82	87.000000	86.0	82	82.0
3	91	92.000000	99.0	91	92.0
4	93	85.138889	92.0	97	98.0

4-2-2 選取列資料

除了選取行資料之外,也常常會使用到列資料的選取,以下介紹選取列資料的方法。

選取列資料

選取「列索引1」資料時,不可只寫df[1],會發生錯誤!

列索引(由 0 開始)

單列 df[1:2]

ID	name	sex	email	第1次平時考	第2次平時考	第3次平時考
0	1080001	丁軒軒	男	1080001@sun.tc.edu.tw	86	88	82
1	1080002	王倫樺	女	1080001@sun.tc.edu.tw	92	100	95
2	1080003	何宜敏	女	1080001@sun.tc.edu.tw	82	87	86
3	1080004	何志陞	男	1080001@sun.tc.edu.tw	91	92	99
4	1080005	吳一歌	女	1080001@sun.tc.edu.tw	93	85	92
5	1080006	宋緯挺	男	1080001@sun.tc.edu.tw	84	81	83

多列 df[3:6] 選取「列索引3~5」資料,要寫3:6喔!

實作 選取單列 / 多列 EX4-2.2.ipynb

01 首先讀取「學生成績檔 -4-2.2.csv」並轉成資料框型別,選取資料框的第 0~3 列,印出所有選取到的資料。

```
1 from google.colab import drive
2 drive.mount('/content/MyGoogleDrive')
3 import pandas as pd
4 df=pd.read_csv(i_filepath + '學生成績檔-4-2.2.csv')
5 df[0:4]
```
列出 0~3 列

Drive already mounted at /content/MyGoogleDrive; to attempt to forcibly remount, call drive.mount("

	ID	name	sex	email	第1次平時考	第2次平時考	第3次平時考	第4次平時考	第5次平時考
0	1080001	丁軒軒	1	1080001@sun.tc.edu.tw	86	88.0	82.0	87	92.0
1	1080002	王倫樺	0	1080002@sun.tc.edu.tw	92	100.0	95.0	99	96.0
2	1080003	何宜敏	0	1080003@sun.tc.edu.tw	82	87.0	86.0	82	82.0
3	1080004	何志陞	1	1080004@sun.tc.edu.tw	91	92.0	99.0	91	92.0

02 選取第 5 列，印出選取到的資料。

```
1 df[5:6]
```
不可只寫 df[5] 喔！會出錯！

	ID	name	sex	email	第1次平時考	第2次平時考	第3次平時考	第4次平時考	第5次平時考
5	1080006	宋緯挺	1	1080006@sun.tc.edu.tw	84	81.0	83.0	90	88.0

4-2-3 選取指定的資料格

除了選取行、列以外，pandas 還提供了 iloc[] 函式可用來選取指定的資料格，它也可以用來選取行、列，使用上十分的便利。

選取資料格

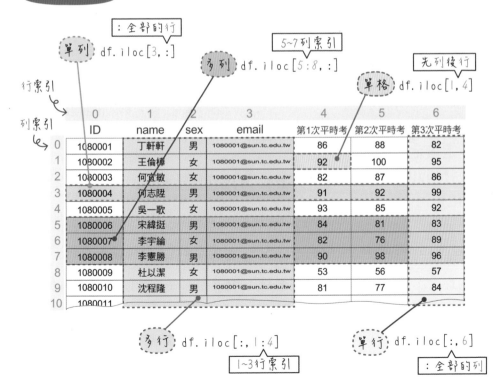

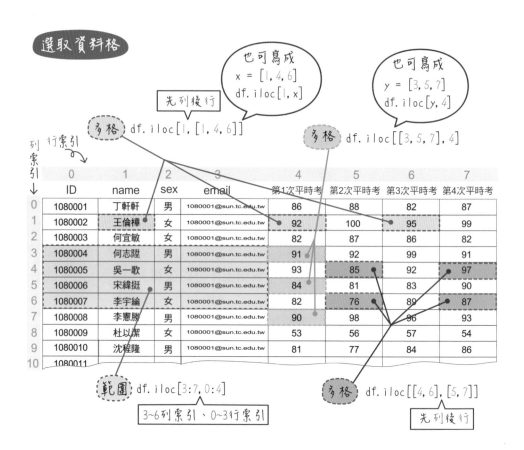

設定指定
資料格的值
df.iloc

df.iloc[列索引, 行索引] = 值

例▶ `df.iloc[1,4] = 90` 　將列索引1、行索引4的資料格設定為90

例▶ `df.iloc[1,5:8] = 0` 　將列索引1、行索引5、6、7的三個資料格設定為0

實作 **使用 iloc 函式選取和修改指定資料格的值** EX4-2.3.ipynb

01 首先讀取「學生成績檔 -4-2.3.csv」並轉成資料框型別，選取並印出第 1 列 (列索引為 1，即王倫樺) 的各項資料。

```
1 from google.colab import drive
2 drive.mount('/content/MyGoogleDrive')
3 import pandas as pd
4 df=pd.read_csv(i_filepath + '學生成績檔-4-2.3.csv')
5 df.head()
6 df.iloc[1,:]
```

```
Drive already mounted at /content/MyGoogleDrive; to attempt to
ID                      1080002
name                     王倫樺
sex                      0
email        1080002@sun.tc.edu.tw
第1次平時考                   92
第2次平時考                  100
第3次平時考                   95
第4次平時考                   99
第5次平時考                   96
Name: 1, dtype: object
```

02 選取並印出第 1 列到第 3 列 (列索引 1～3，即王倫樺～何志陞) 的各項資料。

```
1 df.iloc[1:4,:]
```

	ID	name	sex	email	第1次平時考	第2次平時考	第3次平時考	第4次平時考	第5次平時考
1	1080002	王倫樺	0	1080002@sun.tc.edu.tw	92	100.0	95.0	99	96.0
2	1080003	何宜敏	0	1080003@sun.tc.edu.tw	82	87.0	86.0	82	82.0
3	1080004	何志陞	1	1080004@sun.tc.edu.tw	91	92.0	99.0	91	92.0

03 選取並印出第 1 列第 4 行的資料格。(即王倫樺的第 1 次平時考成績)

```
1 df.iloc[1,4]
```

```
92
```

04 選取並印出第 1 列第 1、4、6、8 行共 4 個資料格。(即王倫樺的 name、第 1 次平時考成績、第 3 次平時考成績、第 5 次平時考成績)

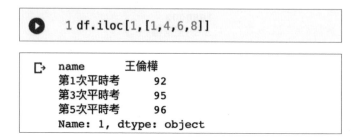

```
1 df.iloc[1,[1,4,6,8]]
```

```
name        王倫樺
第1次平時考      92
第3次平時考      95
第5次平時考      96
Name: 1, dtype: object
```

05 將王倫樺的第 1 次平時考成績由「92」修改成「90」。

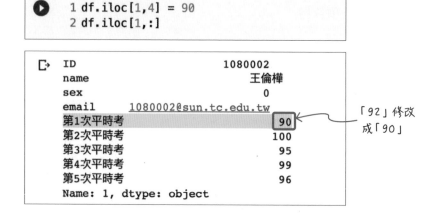

```
1 df.iloc[1,4] = 90
2 df.iloc[1,:]
```

```
ID                  1080002
name                 王倫樺
sex                     0
email     1080002@sun.tc.edu.tw
第1次平時考                90
第2次平時考               100
第3次平時考                95
第4次平時考                99
第5次平時考                96
Name: 1, dtype: object
```

「92」修改
成「90」

06 將王倫樺的第 2 次平時考 ~ 第 5 次平時考成績都修改成「0」。

```
1 df.iloc[1,5:9] = 0
2 df.iloc[1,:]
```

```
ID                       1080002
name                       王倫樺
sex                            0
email       1080002@sun.tc.edu.tw
第1次平時考                      90
第2次平時考                       0
第3次平時考                       0
第4次平時考                       0
第5次平時考                       0
Name: 1, dtype: object
```

這些成績都修改成「0」

07 儲存結果「學生成績檔 -4-2.3-ANS.csv」。

```
1 o_filepath = '/content/MyGoogleDrive/My Drive/Colab Notebooks/資料檔/完成檔/Ch04/'
2 GooglePath = o_filepath
3 filename='學生成績檔-4-2.3-ANS.csv'
4 df.to_csv(GooglePath + filename, index=False)
```

加廣
知識

除了 df.iloc[m,n] 外，df.loc[m,n] 也可以用來指定資料格的所在位置，df.
loc[] 可以用「自定列索引」與「自定行索引」來指定（如：df.loc[1,
'第 1 次平時考 ']）；而 df.iloc[] 則只能使用「內定列索引」與「內定行索
引」（如：df.iloc[1,4]）。

4-2-4　條件式選取

　　除了選取資料表中指定的列、行及資料格之外，pandas 也提供可以篩選符合特定條件資料的功能。

條件式篩選資料格　　**資料框名稱[條件式]**

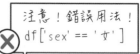
注意！錯誤用法！
df['sex' == '女']

例▶ 篩選出行索引為「女」的資料

　　df[df['sex'] == '女']　或　df[df.sex == '女']

例▶ 篩選出行索引「第1次平時考」90分以上的資料

　　df[df['第1次平時考'] >= 90]　或　df[df.第1次平時考 >= 90]

例▶ 篩選出「第1次平時考」90分以上且「性別」為女的資料

　　df[(df['sex'] == '女') & (df['第1次平時考'] >= 90)]

或

　　df[(df.sex == '女') & (df.第1次平時考 >= 90)]

 實作　篩選符合條件的資料　　　　　　　　EX4-2.4.ipynb

01 首先讀取「學生成績檔 -4-2.4.csv」並轉成資料框型別，篩選並印出所有第 1 次平時考成績大於等於 90 分的資料。

```
1 from google.colab import drive
2 drive.mount('/content/MyGoogleDrive')
3 import pandas as pd
4 df=pd.read_csv(i_filepath + '學生成績檔-4-2.4.csv')
5 df[df['第1次平時考']>=90].head()
```

Drive already mounted at /content/MyGoogleDrive; to attempt to forcibly remount, call drive.mount("

	ID	name	sex	email	第1次平時考	第2次平時考	第3次平時考	第4次平時考	第5次平時考
1	1080002	王倫樺	0	1080002@sun.tc.edu.tw	92	100.000000	95.0	99	96.0
3	1080004	何志陞	1	1080004@sun.tc.edu.tw	91	92.000000	99.0	91	92.0
4	1080005	吳一歌	0	1080005@sun.tc.edu.tw	93	85.138889	92.0	97	98.0
10	1080013	林保苓	0	1080013@sun.tc.edu.tw	92	94.000000	99.0	96	94.0
21	1080024	許雅均	0	1080024@sun.tc.edu.tw	92	89.000000	96.0	97	98.0

成績 >= 90

02 篩選到的資料除了可以整列印出之外，還能只印出部分行，例如：
第 1 次平時考成績小於 60 分的同學姓名。

```
1 df[df['第1次平時考'] < 60].name
```

```
7     杜以潔
22    許銘婷
Name: name, dtype: object
```

03 篩選並印出每一次平時考成績都大於 95 分的同學姓名。

```
1 df[(df['第1次平時考']>95) & (df['第2次平時考']>95) & 接下行
  (df['第3次平時考']>95) & (df['第4次平時考']>95) & 接下行
  (df['第5次平時考']>95)].name
```

由於本書版面無法呈現完整的
敘述，請在同一列書寫程式敘述
並且不要斷列，以免產生錯誤。

```
24    陳生貞
Name: name, dtype: object
```

04　篩選並印出陳生貞同學的各項資料。

```
1 df[df['name'] == '陳生貞']
```

	ID	name	sex	email	第1次平時考	第2次平時考	第3次平時考	第4次平時考	第5次平時考
24	1080027	陳生貞	1	1080027@sun.tc.edu.tw	97	100.0	100.0	100	100.0

05　篩選並印出第 1 次平時考 90 以上，或第 3 次平時考 95 分以上的同學。

```
1 df[(df['第1次平時考']>=90) | (df['第3次平時考']>=95)]
```

	ID	name	sex	email	第1次平時考	第2次平時考	第3次平時考	第4次平時考
1	1080002	王倫樺	0	1080002@sun.tc.edu.tw	92	100.000000	95.000000	99
3	1080004	何志陞	1	1080004@sun.tc.edu.tw	91	92.000000	99.000000	91
4	1080005	吳一歌	0	1080005@sun.tc.edu.tw	93	85.138889	92.000000	97
10	1080013	林保苓	0	1080013@sun.tc.edu.tw	92	94.000000	99.000000	96
21	1080024	許雅均	0	1080024@sun.tc.edu.tw	92	89.000000	96.000000	97
24	1080027	陳生貞	1	1080027@sun.tc.edu.tw	97	100.000000	100.000000	100
25	1080028	陳宇愷	1	1080028@sun.tc.edu.tw	94	92.000000	93.000000	94
26	1080029	陳杰育	1	1080029@sun.tc.edu.tw	90	98.000000	96.000000	93
27	1080030	陳一潔	0	1080030@sun.tc.edu.tw	94	90.000000	100.000000	97

4-2-5　排序

　　和試算表軟體一樣，pandas 也提供資料表的排序功能，利用其 sort_index() 函式、sort_values() 函式就可以將資料表進行排序。

sort_index()
函式

以內定列索引為key(鍵值)進行排序

資料框2 = 資料框1.sort_index(ascending=True/False)

1. ascending=True或省略：表示由小到大排列。

2. ascending=False：表示由大到小排列。

sort_values()
函式

以指定行索引為key(鍵值)進行排序

資料框2 = 資料框1.sort_values('行索引', ascending=True/False)

 實作 排序　　　　　　　　　　　　EX4-2.5.ipynb

01 首先讀取「學生成績檔 -4-2.5.csv」並轉成資料框型別，將 df 資料框依內定列索引由大到小排序，完成後印出排序的結果。

```
1 from google.colab import drive
2 drive.mount('/content/MyGoogleDrive')
3 import pandas as pd
4 df=pd.read_csv(i_filepath + '學生成績檔-4-2.5.csv')
5 df = df.sort_index(ascending=False)
6 df.head()
```

依內定列索引由大到小排序

Drive already mounted at /content/MyGoogleDrive; to attempt to forcibly remount, call d

	ID	name	sex	email	第1次平時考	第2次平時考	第3次平時考	第4次平時考
37	1080040	謝穎安	1	1080040@sun.tc.edu.tw	78	82.0	81.000000	79
36	1080039	蔡凌嘉	1	1080039@sun.tc.edu.tw	94	100.0	100.000000	94
35	1080038	劉二婕	0	1080038@sun.tc.edu.tw	94	100.0	86.135135	92
34	1080037	劉隆霖	1	1080037@sun.tc.edu.tw	91	87.0	89.000000	93
33	1080036	廖安軒	0	1080036@sun.tc.edu.tw	91	92.0	97.000000	91

列索引由大到小排序

02 以第 1 次平時考成績由小到大排序，並將排序結果存到另一個資料框 df1，完成後印出資料框 df1。

```
1 df1 = df.sort_values('第1次平時考')
2 df1.head()
```

	ID	name	sex	email	第1次平時考	第2次平時考	第3次平時考	第4次平時考
22	1080025	許銘婷	0	1080025@sun.tc.edu.tw	52	50.0	49.0	74
7	1080009	杜以潔	0	1080009@sun.tc.edu.tw	53	56.0	57.0	54
11	1080014	林宏銘	1	1080014@sun.tc.edu.tw	60	56.0	58.0	85
14	1080017	胡祥傑	1	1080017@sun.tc.edu.tw	77	75.0	78.0	80
37	1080040	謝穎安	1	1080040@sun.tc.edu.tw	78	82.0	81.0	79

第 1 次平時考由小到大排序

加廣知識

如果想要使用多行排序，例如：先以第 3 次平時考成績由大到小排列，若成績相同則再以第 1 次平時考由大到小排列，這樣當成鍵值的兩個行索引就要設定成串列。

```
1 df = df.sort_values(['第3次平時考', '第1次平時考'], ascending=False)
2 df.head()
```

先以第 3 次平時考由大到小排序

	ID	name	sex	email	第1次平時考	第2次平時考	第3次平時考	第4次平時考	第5次平時考
24	1080027	陳生貞	1	1080027@sun.tc.edu.tw	97	100.0	100.0	100	100.000000
36	1080039	蔡凌嘉	1	1080039@sun.tc.edu.tw	94	100.0	100.0	94	95.000000
27	1080030	陳一潔	0	1080030@sun.tc.edu.tw	94	90.0	100.0	97	88.702703
10	1080013	林保苓	0	1080013@sun.tc.edu.tw	92	94.0	99.0	96	94.000000
3	1080004	何志陞	1	1080004@sun.tc.edu.tw	91	92.0	99.0	91	92.000000

分數相同再以第 1 次平時考由大到小排序

4-2-6　計算 最大 / 最小 / 平均數 / 總和

前面介紹過 pandas 提供的 describe() 函式可用來計算一些統計數據，這一小節將介紹比較彈性的做法，可以針對部分欄位進行相關的計算。

 資料統計

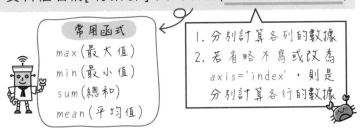

資料框名稱['行索引'].函式名稱(axis='columns')

常用函式
max (最大值)
min (最小值)
sum (總和)
mean (平均值)

1. 分別計算各列的數據
2. 若省略不寫或改為 axis='index'，則是分別計算各行的數據

 實作 max, min, mean, sum 的計算　　　EX4-2.6.ipynb

01 首先讀取「學生成績檔 -4-2.6.csv」並轉成資料框型別，計算並印出全班同學第 1 次平時考的最高分 (max) 和最低分 (min)。

```
1 from google.colab import drive
2 drive.mount('/content/MyGoogleDrive')
3 import pandas as pd
4 df=pd.read_csv(i_filepath + '學生成績檔-4-2.6.csv')
5 df['第1次平時考'].max()    ← 最高分
```

```
Drive already mounted at /content/MyGoogleDrive; to attempt to for
97
```

```
[ ]    1 df['第1次平時考'].min()    ← 最低分
```

```
52
```

02　計算並印出全班同學第 1 次平時考～第 5 次平時考的各次成績總和 (sum) 及平均成績 (mean) 。

```
1 c = ['第1次平時考','第2次平時考','第3次平時考','第4次平時考','第5次平時考']
2 df[c].sum()
```

```
第1次平時考    3212.000000
第2次平時考    3235.277778
第3次平時考    3273.135135
第4次平時考    3335.000000
第5次平時考    3370.702703
dtype: float64
```

```
[ ]    1 df[c].mean()
```

```
第1次平時考    84.526316
第2次平時考    85.138889
第3次平時考    86.135135
第4次平時考    87.763158
第5次平時考    88.702703
dtype: float64
```

03　計算並印出每位同學自己 5 次平時考的平均。

```
1 df[c].mean(axis='columns')    ← 分別計算各列的平均
```

```
0     87.000000
1     96.400000
2     83.800000
3     93.000000
4     93.027778
5     85.200000
6     83.800000
7     54.600000
8     82.200000
9     88.000000
10    95.000000
```

4-2-7 新增行資料

原始的成績表經過整理和計算之後，通常會將所得到的結果如：每位同學的總分、平均、排名等資訊加入至資料表中，pandas 亦提供了相關的做法讓我們用來豐富資料表的內容。

| 新增
行資料 | 以行索引增加一行到資料框的最右端
資料框名稱['行索引'] = 序列/串列 |

以序列或串列來設定該行的資料

 實作 新增行資料 　　　　　　　　　　　　　EX4-2.7.ipynb

01 首先讀取「學生成績檔-4-2.7.csv」並轉成資料框型別，計算每位同學 5 次平時考的總分，並將結果增添一行到 df 資料框中。

```
1 from google.colab import drive
2 drive.mount('/content/MyGoogleDrive')
3 import pandas as pd
4 df=pd.read_csv(i_filepath + '學生成績檔-4-2.7.csv')
5 c = ['第1次平時考','第2次平時考','第3次平時考','第4次平時考','第5次平時考']
6 df['總分'] = df[c].sum(axis='columns')
7 df.head()
```

計算總分並增添一行「總分」

Drive already mounted at /content/MyGoogleDrive; to attempt to forcibly remount, call drive.mount("/content/My

	ID	name	sex	email	第1次平時考	第2次平時考	第3次平時考	第4次平時考	第5次平時考	總分
0	1080001	丁軒軒	1	1080001@sun.tc.edu.tw	86	88.000000	82.0	87	92.0	435.000000
1	1080002	王倫樺	0	1080002@sun.tc.edu.tw	92	100.000000	95.0	99	96.0	482.000000
2	1080003	何宜敏	0	1080003@sun.tc.edu.tw	82	87.000000	86.0	82	82.0	419.000000
3	1080004	何志陞	1	1080004@sun.tc.edu.tw	91	92.000000	99.0	91	92.0	465.000000
4	1080005	吳一歌	0	1080005@sun.tc.edu.tw	93	85.138889	92.0	97	98.0	465.138889

在資料框中新增一行「總分」

02 計算每位同學 5 次平時考的平均，並將結果增添一行到 df 資料框中。

```
1 df['平均'] = df[c].mean(axis='columns')
2 df.head()
```

	ID	name	sex	email	第1次平時考	第2次平時考	第3次平時考	第4次平時考	第5次平時考	總分	平均
0	1080001	丁軒軒	1	1080001@sun.tc.edu.tw	86	88.000000	82.0	87	92.0	435.000000	87.000000
1	1080002	王倫樺	0	1080002@sun.tc.edu.tw	92	100.000000	95.0	99	96.0	482.000000	96.400000
2	1080003	何宜敏	0	1080003@sun.tc.edu.tw	82	87.000000	86.0	82	82.0	419.000000	83.800000
3	1080004	何志陞	1	1080004@sun.tc.edu.tw	91	92.000000	99.0	91	92.0	465.000000	93.000000
4	1080005	吳一歌	0	1080005@sun.tc.edu.tw	93	85.138889	92.0	97	98.0	465.138889	93.027778

在資料框中新增一行「平均」

03 以平均成績由大到小排序之後，再利用串列依序填入名次，並將結果增添一行到 df 資料框中。

```
1 df = df.sort_values('平均',ascending=False)
2 df['排名'] = list(range(1,len(df)+1))
3 df.head()
```

這段敘述會產生一個 [1,2,3...,df 資料框總列數] 連續的整數串列

	ID	name	sex	email	第1次平時考	第2次平時考	第3次平時考	第4次平時考	第5次平時考	總分	平均	排名
24	1080027	陳生貞	1	1080027@sun.tc.edu.tw	97	100.0	100.0	100	100.0	497.0	99.4	1
36	1080039	蔡凌嘉	1	1080039@sun.tc.edu.tw	94	100.0	100.0	94	95.0	483.0	96.6	2
1	1080002	王倫樺	0	1080002@sun.tc.edu.tw	92	100.0	95.0	99	96.0	482.0	96.4	3
10	1080013	林保苓	0	1080013@sun.tc.edu.tw	92	94.0	99.0	96	94.0	475.0	95.0	4
25	1080028	陳宇愷	1	1080028@sun.tc.edu.tw	94	92.0	93.0	94	100.0	473.0	94.6	5

依排序結果後加入名次

04 利用條件篩選印出前 3 名同學的資料。

```
1 df[df.排名 <= 3]
```

	ID	name	sex	email	第1次平時考	第2次平時考	第3次平時考	第4次平時考	第5次平時考	總分	平均	排名
24	1080027	陳生貞	1	1080027@sun.tc.edu.tw	97	100.0	100.0	100	100.0	497.0	99.4	1
36	1080039	蔡凌嘉	1	1080039@sun.tc.edu.tw	94	100.0	100.0	94	95.0	483.0	96.6	2
1	1080002	王倫樺	0	1080002@sun.tc.edu.tw	92	100.0	95.0	99	96.0	482.0	96.4	3

列出符合條件的資料

05 儲存結果「學生成績檔 -4-2.7-ANS.csv」。

```
1 o_filepath = '/content/MyGoogleDrive/My Drive/Colab Notebooks/資料檔/完成檔/Ch04/'
2 GooglePath = o_filepath
3 filename='學生成績檔-4-2.7-ANS.csv'
4 df.to_csv(GooglePath + filename, index=False)
```

4-2-8 新增列資料

　　資料表除了可以新增行資料之外，常見的還有增加列資料。例如：想要增加一位同學的資料 (即一列) 時，pandas 亦提供數種函式可以運用，本節就來介紹 append() 這個好用的函式。

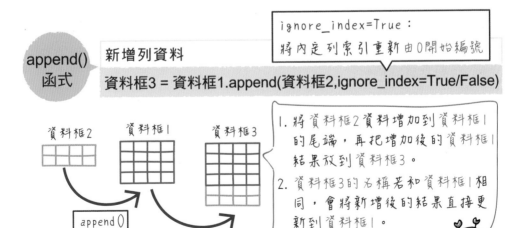

append()
函式

新增列資料

資料框3 = 資料框1.append(資料框2,ignore_index=True/False)

ignore_index=True：
將內定列索引重新由0開始編號

資料框2　資料框1　資料框3

append()

1. 將資料框2資料增加到資料框1的尾端，再把增加後的資料框1結果放到資料框3。
2. 資料框3的名稱若和資料框1相同，會將新增後的結果直接更新到資料框1。

 實作 新增列資料

EX4-2.8.ipynb

01 首先讀取「學生成績檔 -4-2-8-ANS.csv」並轉成資料框型別，呼叫 tail() 函式印出最後 5 列的資料，結果顯示最後 1 列是「謝穎安」。

```
1 from google.colab import drive
2 drive.mount('/content/MyGoogleDrive')
3 import pandas as pd
4 df=pd.read_csv(i_filepath + '學生成績檔-4-2.8.csv')
5 df.tail()
```

Drive already mounted at /content/MyGoogleDrive; to attempt to forcibly remount, call drive.mount("/

	ID	name	sex	email	第1次平時考	第2次平時考	第3次平時考	第4次平時考	第5次平時考
33	1080036	廖安軒	0	1080036@sun.tc.edu.tw	91	92.0	97.000000	91	94.0
34	1080037	劉隆霖	1	1080037@sun.tc.edu.tw	91	87.0	89.000000	93	95.0
35	1080038	劉二婕	0	1080038@sun.tc.edu.tw	94	100.0	86.135135	92	95.0
36	1080039	蔡凌嘉	1	1080039@sun.tc.edu.tw	94	100.0	100.000000	94	95.0
37	1080040	謝穎安	1	1080040@sun.tc.edu.tw	78	82.0	81.000000	79	80.0

最後 1 列是「謝穎安」

2 將新同學「張三」的各項資料轉成資料框 df1，並呼叫 append() 函式新增到資料框 df 的尾端，再以 tail() 函式印出最後 5 列的資料查看結果。

ID	name	sex	email	第 1 次平時考	第 2 次平時考	第 3 次平時考	第 4 次平時考	第 5 次平時考
1080041	張三	1	1080041@sun.tc.edu.tw	90	85	90	95	95

s 是串列(一維)，[s] 則會形成二維串列

```
1 s = ['1080041', '張三', '1', '1080041@sun.tc.edu.tw',
       90, 85, 90, 95, 95]
2 df1 = pd.DataFrame(data=[s], columns=df.columns)
3 df = df.append(df1, ignore_index=True)
4 df.tail()
```

添加資料

新資料 df1 的行索引和 df 一樣

	ID	name	sex	email	第1次平時考	第2次平時考	第3次平時考	第4次平時考	第5次平時考
34	1080037	劉隆霖	1	1080037@sun.tc.edu.tw	91	87.0	89.000000	93	95.0
35	1080038	劉二婕	0	1080038@sun.tc.edu.tw	94	100.0	86.135135	92	95.0
36	1080039	蔡凌嘉	1	1080039@sun.tc.edu.tw	94	100.0	100.000000	94	95.0
37	1080040	謝穎安	1	1080040@sun.tc.edu.tw	78	82.0	81.000000	79	80.0
38	1080041	張三	1	1080041@sun.tc.edu.tw	90	85.0	90.000000	95	95.0

將新資料加至最後 1 列

03 重新計算並新增全班的總分、平均及排名，再依「ID」由小到大排列。

「ID」需先轉換資料型別後才可以正確排序

```
1 c = ['第1次平時考','第2次平時考','第3次平時考','第4次平時考','第5次平時考']
2 df['總分'] = df[c].sum(axis='columns')
3 df['平均'] = df[c].mean(axis='columns')
4 df = df.sort_values('平均',ascending=False)
5 df['排名'] = list(range(1,len(df)+1))
6 df['ID'] = df.ID.astype(str)
7 df = df.sort_values(['ID'], ascending=True)
8 df.head()
```

	ID	name	sex	email	第1次平時考	第2次平時考	第3次平時考	第4次平時考	第5次平時考	總分	平均	排名
0	1080001	軒軒	1	1080001@sun.tc.edu.tw	86	88.000000	82.0	87	92.0	435.000000	87.000000	22
1	1080002	王倫樺	0	1080002@sun.tc.edu.tw	92	100.000000	95.0	99	96.0	482.000000	96.400000	3
2	1080003	何宜敬	0	1080003@sun.tc.edu.tw	82	87.000000	86.0	82	82.0	419.000000	83.800000	27
3	1080004	陳志陞	0	1080004@sun.tc.edu.tw	91	92.000000	99.0	91	92.0	465.000000	93.000000	12
4	1080005	一歌	0	1080005@sun.tc.edu.tw	93	85.138889	92.0	97	98.0	465.138889	93.027778	11

依「ID」由小到大排列

04 儲存結果「學生成績檔 -4-2.8-ANS.csv」。

```
1 o_filepath = '/content/MyGoogleDrive/My Drive/Colab Notebooks/資料檔/完成檔/Ch04/'
2 GooglePath = o_filepath
3 filename='學生成績檔-4-2.8-ANS.csv'
4 df.to_csv(GooglePath + filename, index=False)
```

加廣
知識

補充說明上一頁第 6 行敘述的寫法。使用 info() 函式發現「ID」欄位的
資料型別為「object」,「平均」欄位的資料型別為「float」。

```
1 df.info()
```

「ID」欄位的資料型別

```
<class 'pandas.core.frame.DataFrame'>
Int64Index: 39 entries, 0 to 38
Data columns (total 12 columns):
 #   Column   Non-Null Count   Dtype
---  ------   --------------   -----
 0   ID       39 non-null      object
 1   name     39 non-null      object
 2   sex      39 non-null      object
 3   email    39 non-null      object
 4   第1次平時考   39 non-null       int64
 5   第2次平時考   39 non-null       float64
 6   第3次平時考   39 non-null       float64
 7   第4次平時考   39 non-null       int64
 8   第5次平時考   39 non-null       float64
 9   總分       39 non-null       float64
 10  平均       39 non-null       float64
 11  排名       39 non-null       int64
dtypes: float64(5), int64(3), object(4)
memory usage: 4.0+ KB
```

「平均」欄位的資料型別

接下頁

pandas 的 sort_values() 函式不支援用「object」進行排序，而「float」、「int」、「str」等型別則可以直接排序。使用如下的敘述轉換「ID」的資料型別後即可進行排序：

```
df['ID'] = df.ID.astype(str)
```

memo

本章學習操演（一）

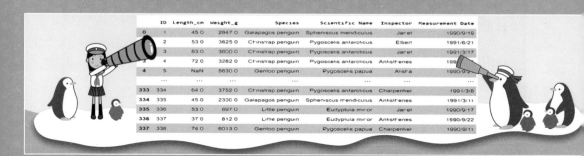

	ID	Length_cm	Weight_g	Species	Scientific Name	Inspector	Measurement Date
0	1	45 0	2847 0	Galapagos penguin	Spheniscus mendiculus	Jaret	1990/9/19
1	2	53 0	3625 0	Chinstrap penguin	Pygoscelis antarcticus	Elbert	1991/6/21
2	3	83 0	3600 0	Chinstrap penguin	Pygoscelis antarcticus	Jaret	1991/3/17
3	4	72 0	3282 0	Chinstrap penguin	Pygoscelis antarcticus	Antisthenes	199
4	5	NaN	5630 0	Gentoo penguin	Pygoscelis papua	Alistra	1990/9/2
...	...	...	...	...	...	...	...
333	334	64 0	3752 0	Chinstrap penguin	Pygoscelis antarcticus	Charpentier	1991/3/8
334	335	45 0	2330 0	Galapagos penguin	Spheniscus mendiculus	Antisthenes	1991/3/11
335	336	53 0	897 0	Little penguin	Eudyptula minor	Antisthenes	1990/9/17
336	337	37 0	812 0	Little penguin	Eudyptula minor	Antisthenes	1990/9/22
337	338	74 0	6013 0	Gentoo penguin	Pygoscelis papua	Charpentier	1990/9/11

Alice 和小 P 一起仔細觀察了企鵝資料集（penguin.csv）資料框的內容，發現其中有一些問題，於是一一的進行資料清理。

🐧 演練內容

1. 資料取得：讀取本章範例中的企鵝資料集 (penguin.csv) 並轉換為資料框。

2. 檢查資料列是否有重複，如果有重複就要將其刪除，刪除後再將列索引重新編號。

提示　資料觀察：info()

檢查重複列：duplicated()

刪除重複資料列：drop_duplicates()

列索引重新編號：reset_index(drop=True)

3. 看看 Length_cm （身長）和 Weight_g （重量）是否有有缺失值的情況，再將有缺失值的資料格都用該企鵝品種 (Species) 的平均值來補值。

提示　檢查空值：isnull()
計算平均值：mean()
修改指定儲存格的值：iloc[]

4. 最後將企鵝品種 (Species) 的字串資料轉換成數值，方便做為未來資料分析之用。

提示　資料轉換：map()

Species(品種)	數值
Chinstrap penguin （南極企鵝）	0
Little penguin （小藍企鵝）	1
Galapagos penguin （加拉帕戈斯企鵝）	2
Gentoo penguin （巴布亞企鵝）	3

5. 儲存結果：程式碼 Penguin04.ipynb，企鵝資料檔 Penguin04.csv。

參考結果

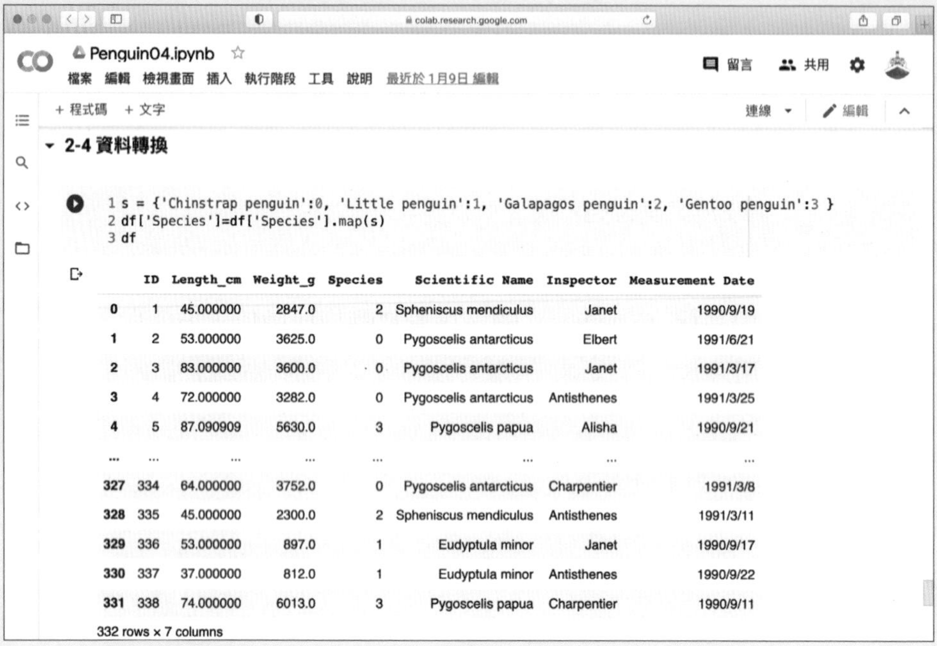


```
s = {'Chinstrap penguin':0, 'Little penguin':1, 'Galapagos penguin':2, 'Gentoo penguin':3 }
df['Species']=df['Species'].map(s)
df
```

	ID	Length_cm	Weight_g	Species	Scientific Name	Inspector	Measurement Date
0	1	45.000000	2847.0	2	Spheniscus mendiculus	Janet	1990/9/19
1	2	53.000000	3625.0	0	Pygoscelis antarcticus	Elbert	1991/6/21
2	3	83.000000	3600.0	0	Pygoscelis antarcticus	Janet	1991/3/17
3	4	72.000000	3282.0	0	Pygoscelis antarcticus	Antisthenes	1991/3/25
4	5	87.090909	5630.0	3	Pygoscelis papua	Alisha	1990/9/21
...	...	...	...	...	...	...	...
327	334	64.000000	3752.0	0	Pygoscelis antarcticus	Charpentier	1991/3/8
328	335	45.000000	2300.0	2	Spheniscus mendiculus	Antisthenes	1991/3/11
329	336	53.000000	897.0	1	Eudyptula minor	Janet	1990/9/17
330	337	37.000000	812.0	1	Eudyptula minor	Antisthenes	1990/9/22
331	338	74.000000	6013.0	3	Pygoscelis papua	Charpentier	1990/9/11

332 rows × 7 columns

本章學習操演（二）

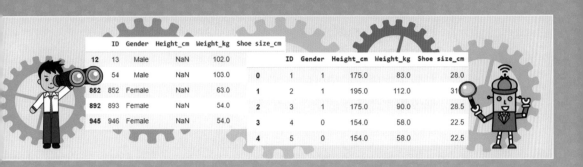

	ID	Gender	Height_cm	Weight_kg	Shoe size_cm
12	13	Male	NaN	102.0	
	54	Male	NaN	103.0	
852	852	Female	NaN	63.0	
892	893	Female	NaN	54.0	
945	946	Female	NaN	54.0	

	ID	Gender	Height_cm	Weight_kg	Shoe size_cm
0	1	1	175.0	83.0	28.0
1	2	1	195.0	112.0	31
2	3	1	175.0	90.0	28.5
3	4	0	154.0	58.0	22.5
4	5	0	154.0	58.0	22.5

Bob 的夢想是建立新一代鞋子電商王國，這天他取得一份男、女生穿鞋尺寸的資料集（ShoeSize.csv），仔細觀察一下資料框的內容，發現有一些資料需要事先處理才能有效的利用。

演練內容

1. 資料取得：讀取本章範例中男、女生穿鞋尺寸的資料集（ShoeSize.csv）並轉換為資料框。

2. 檢查資料列：刪除重複的資料列，再將列索引重新編號。

   提示？ 資料觀察：info()
   檢查重複列：duplicated()
   刪除重複資料列：drop_duplicates()
   列索引重新編號：reset_index(drop=True)

3. 補值及刪值：分別依 Height_cm（身高）、Weight_kg（體重）及 Shoe size_cm（鞋的尺寸）3 個欄位來處理。

 提示　檢查空值：isnull()

計算筆數：count()

計算平均值：mean()

修改指定儲存格的值：iloc[]

刪除包含空值的資料列：dropna()

(1) Height_cm：缺失值的部份使用具有相同的 Gender（性別）、Weight_kg 和 Shoe size_cm 資料列的平均身高來補值。

(2) Weight_kg：缺失值的部份用相同的 Gender、Height_cm 和 Shoe size_cm 資料列的平均體重來補值。

(3) 經過補值後，檢查並刪除 Height_cm 或 Weight_kg 還有缺失值的資料列。

(4) Shoe size_cm 的缺失值不予補值，直接刪除。

(5) 處理完成後，將列索引重新編號。

4. 資料轉換：分別將 Gender 和 Shoe size_cm 的資料進行轉換，方便未來資料分析用途。

提示　資料轉換：map()

欄位型別轉換：astype()

(1) Gender：字串轉換成數值，Female 轉換成 0、Male 轉換成 1。

Gender（性別）	數值
Female（女）	0
Male（男）	1

(2) Shoe size_cm：float(浮點數) 轉換成 int(整數)。

5. 儲存結果：程式碼 Shoes04.ipynb，鞋尺寸資料檔 Shoes04.csv。

參考結果

概念

資料視覺化 👀✨

實作 📶

折線圖 line ── 分類的變化趨勢 (不連續)

- 四季的銷售額
- 歷次的成績
- 每個月份觀光人數

Google 試算表

MS Excel

Power BI

Python
- MatPlotLib
- SeaBorn
- Bokeh

Pandas
- 序列 s.plot( )
- 資料框 df.plot( )

長條圖 bar/barh ── 分類資料比較

- 各科的分數
- 男生與女生的人數

- 圖表類型

kind = 'line' 折線圖
       'bar'   垂直長條圖
       'barh' 水平長條圖
       'pie'   圓餅圖
       'hist' 直方圖
       'scatter' 散佈圖

kind省略時，預設是折線圖

圓餅圖 pie ── 比例

- 四季的銷售比例
- 男生與女生的比例

- 標籤角度   • 字體大小   • 標題文字
  rot   fontsize   title
- 圖形大小   • 線條樣式   • 線條寬度
  figsize   linestyle   linewidth
- 外框顏色   • 設定顏色
  edgecolor   color= '顏色'
              colors = [顏色串列]

直方圖 hist ── 連續資料變化趨勢

- 不同身高的體重
- 不同年齡的存活率

- 數值顯示格式   • 直方圖區段數
  autopct   bins

- 散佈圖 x 軸、y 軸數據來源
  x= '行索引1', y= '行索引2'

散佈圖 scatter ── 幾群資料的分佈

- 身高與體重的分佈
- 國文與英文分數之間的關係

第 5 章

初探資料科學 (二)：
用資料視覺化發掘重要資訊

資料視覺化 (Data Visualization) 是把原本的資料改用圖表、統計圖形來呈現，目的是使複雜的資料更容易被閱讀及理解，也更容易發掘資料背後隱藏的意涵。

在日常生活中，我們時常會接觸到資料視覺化工具，例如：公司每月營業額統計圖、選舉候選人得票率、班上成績的分佈圖等，這些圖表通常可讓我們快速的查詢及運用資料。

5-1　資料視覺化的重要性

　　資料視覺化將原始數據以如下圖的視覺方式呈現，讓我們能夠清楚地辨別數據之間的對比、發展趨勢、隱含規律及彼此的關聯性。這些對於資料科學和建立機器學習模型是非常重要的一步，學會它將能擁有一個很好用的資料觀察工具。

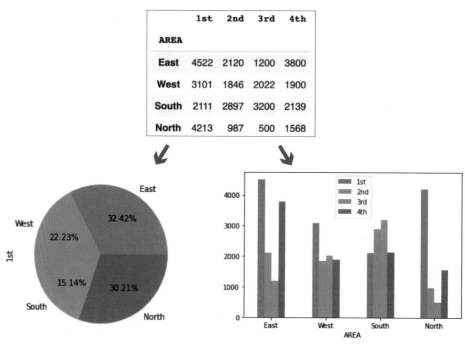

▲ 原始資料與視覺化圖形

　　下表所列是一般常用的圖表類型，在稍後的章節中將會介紹如何繪製這些圖表，還可以依據需求自行加以變化，呈現不一樣的風貌。

▼ 常用的圖表類型

圖表類型	功能	例子
折線圖　line 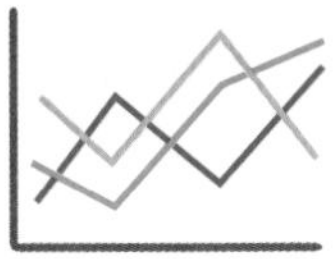	• 分類的變化趨勢（不連續資料）： 比較數值高低和差距。	• 歷次的成績 • 四季的銷售額 • 每個月份觀光人數
長條圖 bar/barh bar　　barh 	• 分類（不連續資料）： 比較數值高低和差距。	• 各科的分數 • 男生及女生的人數
圓餅圖　pie 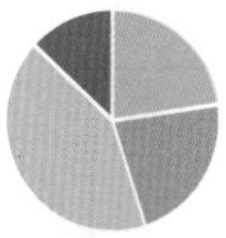	• 比例： 顯示出各個資料間的數值比例。	• 四季的銷售比例 • 男生及女生的比例
直方圖　hist 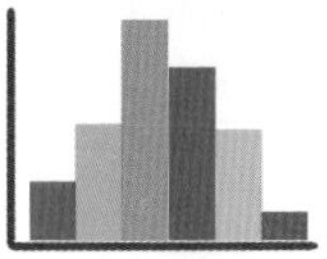	• 連續資料變化趨勢： 顯示資料的統計分析， 經常用於數據統計中。	• 不同身高的體重 • 不同年齡的存活率
散佈圖　scatter 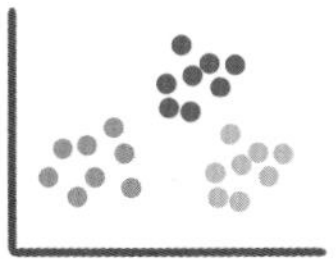	• 幾群資料的分佈： 比較兩個不同類別的相關情形。	• 身高與體重的分佈 • 國文與英文分數之間 的關係

5

好的視覺化讓人一眼就能看出想表達的意義，不好的視覺化反而埋沒了背後的資訊與知識！如下圖所示，想要了解投票結束後每個候選人的得票率，有沒有人得到超過半數選民的支持時，將各候選人的得票率採用圓餅圖以比例來呈現，絕對會比使用直條圖清楚多了。

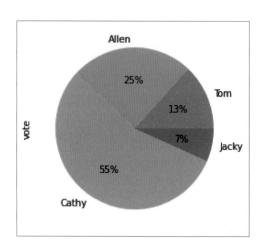

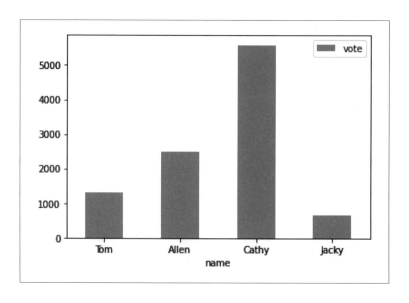

▲ 圓餅圖比直條圖更能呈現各項資料所佔的比例

5-2 常見的資料視覺化圖表

　　統計圖表套件 Matplotlib 中的 pyplot 是 Python 視覺化的基石，pandas 套件將 matplotlib.pyplot 的基礎圖形處理功能包裝成為一個 plot() 函式，讓使用者能夠簡單且快速地繪製各種類型的圖表 [註1]。

　　接下來就實際操作如何利用 plot() 函式繪製常見的統計圖表，甚至進一步練習調整圖表的外觀，這將會讓你對原始資料能有更佳的判斷及掌握。

 ### 5-2-1 愛看趨勢的折線圖

　　將資料點連接起來形成的折線圖，可以明白看出資料變動的趨勢。如下圖是綠島和谷關溫泉在 1-12 月份的人數統計表，從折線圖中就能清楚的比較出不同月份（氣溫高低）的影響程度。

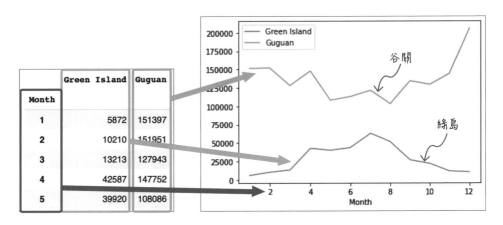

▲ 折線圖：不同月份參觀人數的統計趨勢圖

註1　matplotlib 參考説明 https://matplotlib.org/。

繪製折線圖　序列/資料框名稱.plot(參數)

> x軸是序列/資料框的自定索引

例▶　`df.plot(linewidth=2, linestyle=':', title='Number of visitors')`

> 參數可混搭同時使用喔！

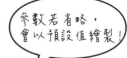

> 參數若省略，會以預設值繪製！

linewidth 線條寬度　linewidth=數值

> 數值越大越粗
> 1 2 3 4 5 6

例▶　`linewidth=3`

linestyle 線條樣式　linestyle= '-' / '--' / '-.' / ':'

例▶　`linestyle=':'`

- 　實線　————
-- 　虛線　- - - - -
-. 　虛點線　-·-·-·-
: 　點線　·········

title 標題文字　title='字串'

例▶　`title='Sales'`

> plot()在Colab環境中預設並不支援中文喔！

color 線條顏色　color='顏色關鍵字' / '16進位數'

例▶　`color='red'`

例▶　`color='#FF0000'`

紅 red / #FF0000
綠 green / #00FF00
藍 blue / #0000FF
黑 black / #000000
黃 yellow / #FFFF00
灰 gray / #808080
橙 orange / #FFa500
粉紅 pink / #FFc0cb

 **繪製折線圖**　　　　　　　　　　　　EX5-2.1a.ipynb

01 繪製序列 (Series) 折線圖：首先建立一個包含公司各分區 (E 東、W 西、S 南、N 北) 年度銷售金額的序列 (s)，並以區域 (a) 為自定索引。

```
1 import pandas as pd
2 a = ['E','W','S','N']
3 m =[4522,3101,5211,4613]
4 s = pd.Series(m, index=a)
5 s
```

```
E    4522
W    3101
S    5211
N    4613
dtype: int64
```

02 呼叫 plot() 函式產生序列 s 的折線圖。

```
1 s.plot()
```

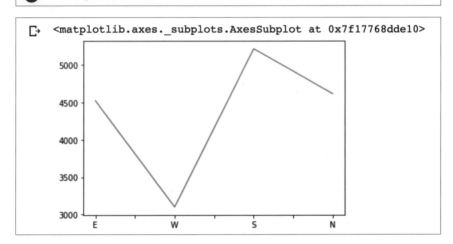

```
<matplotlib.axes._subplots.AxesSubplot at 0x7f17768dde10>
```

03 繪製資料框 (DataFrame) 折線圖：首先讀取本章範例內的「觀光人數統計[註2].csv」並轉成資料框型別，以 'Month' 欄位的內容為自定列索引，完成後呼叫 head() 函式顯示前 5 筆記錄。

註2　資料來源：交通部觀光局觀光統計資料庫 https://stat.taiwan.net.tw/scenicSpot。

```
1 from google.colab import drive
2 drive.mount('/content/MyGoogleDrive')
3 import pandas as pd
4 df=pd.read_csv(i_filepath + '觀光人數統計.csv')
5 df.index = df['Month'] #自定列索引為Month內容
6 df=df.drop('Month',axis=1) #刪除原本的月份行資料
7 df.head()
```

Drive already mounted at /content/MyGoogleDrive; to attempt to forc

Month	Green Island	Guguan	National Museum
1	5872	151397	40988
2	10210	151951	82165
3	13213	127943	50683
4	42587	147752	83679
5	39920	108086	66842

前 5 筆資料

04 呼叫 plot() 函式產生 df 資料框的折線圖，從圖中可以看出 12 月份氣溫較低，大家還是比較喜歡到谷關泡溫泉。

```
1 df.plot()
```

<matplotlib.axes._subplots.AxesSubplot at 0x7f17761a0d68>

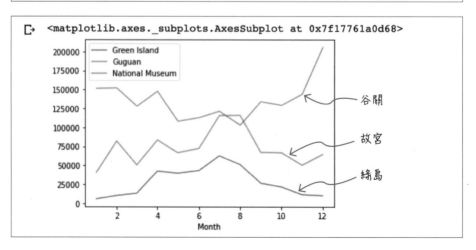

　　pandas 的 plot() 函式可以用於一維的序列以及二維的資料框，由下圖便能清楚地了解繪製一份資料框圖表時，所需使用的資料及相對應顯示在圖表上的元件名稱和參數設定值。

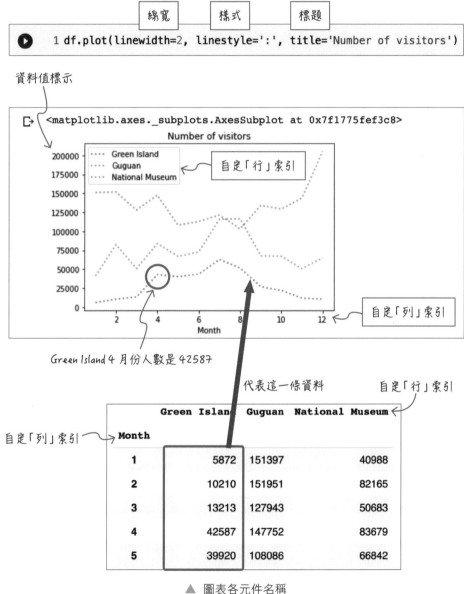

▲ 圖表各元件名稱

1. pandas 的 plot() 函式用於序列時，圖的 X 軸預設為序列的索引。

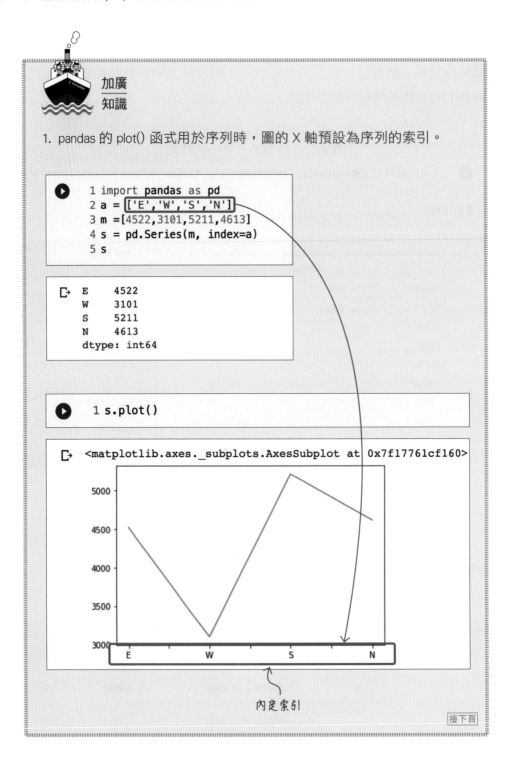

```
1 import pandas as pd
2 a = ['E','W','S','N']
3 m =[4522,3101,5211,4613]
4 s = pd.Series(m, index=a)
5 s
```

```
E    4522
W    3101
S    5211
N    4613
dtype: int64
```

```
1 s.plot()
```

```
<matplotlib.axes._subplots.AxesSubplot at 0x7f17761cf160>
```

內定索引

接下頁

2. 若想要更改 X 軸的標示，必須先變更索引（即自定索引），例如：
   將原來的索引 ['E','W','S','N'] 改成 ['EAST','WEST','SOUTH','NORTH'] 後
   再繪製圖形。

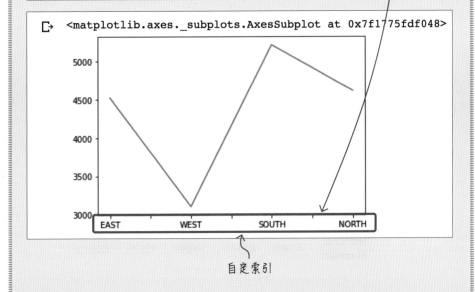

```
1 s.index = ['EAST','WEST','SOUTH','NORTH']
2 s
```

```
EAST     4522
WEST     3101
SOUTH    5211
NORTH    4613
dtype: int64
```

```
1 s.plot()
```

```
<matplotlib.axes._subplots.AxesSubplot at 0x7f1775fdf048>
```

自定索引

接下頁

3. 如果要繪製資料框的列資料時，可先呼叫「df.T」進行資料框轉置，
將行、列資料對調後，再取出所要的「行」資料繪製。(注意：T 要
大寫)

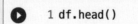

	Green Island	Guguan	National Museum
Month			
1	5872	151397	40988
2	10210	151951	82165
3	13213	127943	50683
4	42587	147752	83679
5	39920	108086	66842

利用 *df.T* 轉置

進行轉置

```
1 df_T = df.T
2 df_T.head()
```

Month	1	2	3	4	5
Green Island	5872	10210	13213	42587	39920
Guguan	151397	151951	127943	147752	108086
National Museum	40988	82165	50683	83679	66842

　　繪製資料框的統計圖表時，有時只想取出部份資料進行繪製，以下將利用實作來說明如何繪製部份資料的統計圖。

 實作 **折線圖 (部份資料框)**　　　　　　　　　　　EX5-2.1b.ipynb

01 繪製部份資料框 （一行） 折線圖：沿用「觀光人數統計 .csv」，繪製「Green Island(綠島)」12 個月的觀光人數統計折線圖。設定 df1 為資料框 df 中的「Green Island」單行資料。

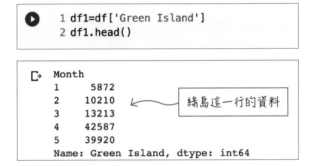

```
1 df1=df['Green Island']
2 df1.head()
```

```
Month
1      5872
2     10210          ← 綠島這一行的資料
3     13213
4     42587
5     39920
Name: Green Island, dtype: int64
```

02 繪製資料框 df1 的折線圖。

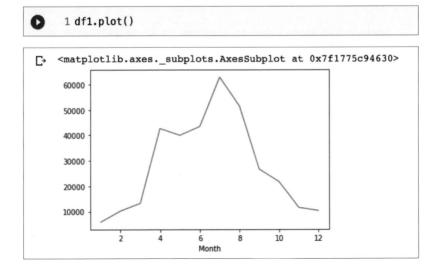

```
1 df1.plot()
```

```
<matplotlib.axes._subplots.AxesSubplot at 0x7f1775c94630>
```

03 繪製部份資料框（多行）折線圖：繪製「Green Island（綠島）」及「Guguan（谷關）」12 個月的觀光人數統計折線圖。設定 df2 為資料框 df 的「Green Island」和「Guguan」二行資料，呼叫 head() 印出前 5 列的資料。

```
1 df2=df[['Green Island','Guguan']]
2 df2.head()
```

	Green Island	Guguan
Month		
1	5872	151397
2	10210	151951
3	13213	127943
4	42587	147752
5	39920	108086

04 繪製 df2 資料框的折線圖。

```
1 df2.plot()
```

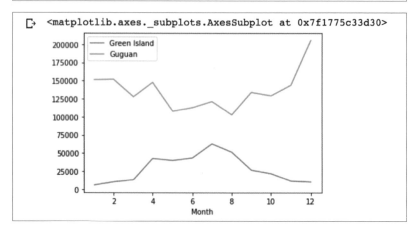

05 繪製部份資料框（列）折線圖：繪製 3 月份各景點的觀光人數統計折線圖。首先，將 df 資料框轉置存到 df_T 資料框內，呼叫 head() 印出前 5 列資料。

```
1 df_T=df.T          進行轉置
2 df_T.head()
```

Month	1	2	3	4	5	6	7	8
Green Island	5872	10210	13213	42587	39920	43395	62794	51393
Guguan	151397	151951	127943	147752	108086	112835	121329	103038
National Museum	40988	82165	50683	83679	66842	72504	115817	116285

3 月份三地觀光人數

06 設定 df3 為資料框 df_T 行索引「3」的整行資料，用來繪製三個景點 3 月份觀光人數統計折線圖。

```
1 df3=df_T[3]
2 df3.plot()
```

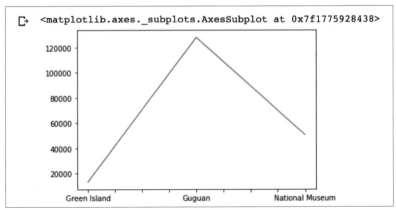

```
<matplotlib.axes._subplots.AxesSubplot at 0x7f1775928438>
```

pandas 的 plot() 函式預設是繪製折線圖，若想繪製其他的圖表類型，例如：長條圖、圓餅圖、散佈圖、直方圖等，可利用 kind 參數進行設定。

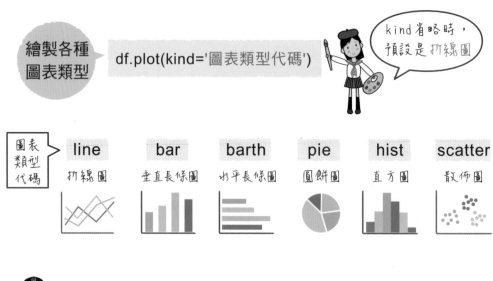

5-2-2　最愛比較的長條圖

長條圖能清楚的比較資料大小，通常用於呈現多組資料實際數值的高低和差距。如下圖是公司的年度銷售金額統計表，從長條圖中就可以清楚的看到各區域在哪一季有比較好的銷售成績。

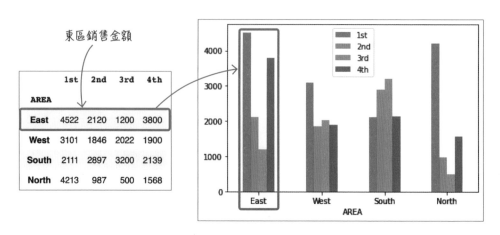

東區銷售金額

AREA	1st	2nd	3rd	4th
East	4522	2120	1200	3800
West	3101	1846	2022	1900
South	2111	2897	3200	2139
North	4213	987	500	1568

▲ 長條圖：呈現及比較不同區域各季的銷售金額

 實作 **長條圖**　　　　　　　　　　　　　　　　　EX5-2.2.ipynb

01 繪製垂直長條圖：首先讀取本章範例中的「年度銷售金額 .csv」並轉成資料框型別，以 'AREA' 欄位的內容為自定列索引。

```
1 from google.colab import drive
2 drive.mount('/content/MyGoogleDrive')
3 import pandas as pd
4 df=pd.read_csv(i_filepath + '年度銷售金額.csv')
5 df.index = df['AREA']          ← 自定列索引為 'AREA' 欄位的內容
6 df = df.drop('AREA', axis=1)   ← 刪除原本的 'AREA' 欄位的資料
7 df
```

Drive already mounted at /content/MyGoogleDrive; to attempt to forc

	1st	2nd	3rd	4th
AREA				
East	4522	2120	1200	3800
West	3101	1846	2022	1900
South	2111	2897	3200	2139
North	4213	987	500	1568

自訂列索引

02 將 plot() 函式的 kind 參數設定為 'bar'，繪製 df 資料框的垂直長條圖。

```
1 df.plot(kind='bar')
```

<matplotlib.axes._subplots.AxesSubplot at 0x7f17741bca20>

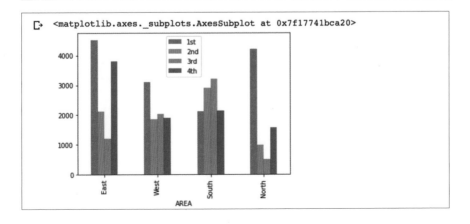

03 繪製水平長條圖：想將條狀圖案改成以水平方式呈現時，plot() 的
函式 kind 參數就要設定成 'barh'。

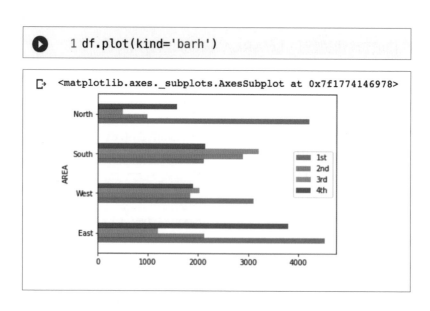

圖表繪製時，有時 x 軸標籤文字顯示方式不易閱讀，可利用 rot 參數設定進行調整。

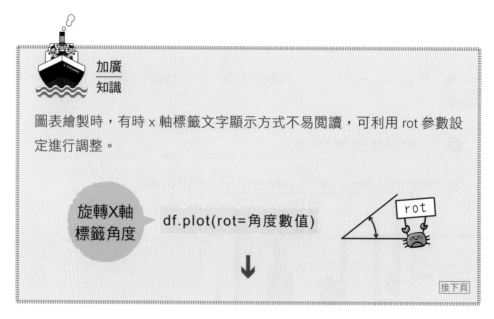

接下頁

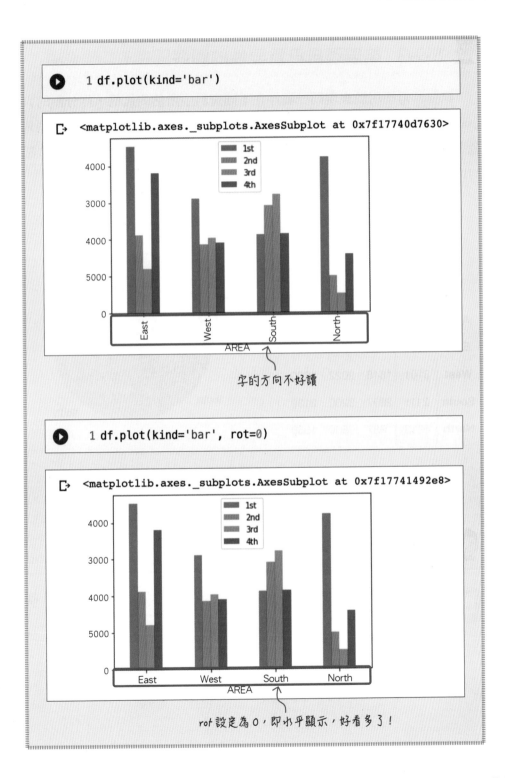

```
1 df.plot(kind='bar')
```

```
<matplotlib.axes._subplots.AxesSubplot at 0x7f17740d7630>
```

字的方向不好讀

```
1 df.plot(kind='bar', rot=0)
```

```
<matplotlib.axes._subplots.AxesSubplot at 0x7f17741492e8>
```

rot 設定為 0，即水平顯示，好看多了！

5-2-3　能展現自己重要性的圓餅圖

　　圓餅圖常使用於表現同一屬性在不同資料中所佔的比例，從分割的大小就可以一目瞭然地看出各項數據的重要程度。如下圖是公司的年度銷售金額統計表，從圓餅圖中就可以清楚看到每個區域所佔第一季總銷售金額的比例。

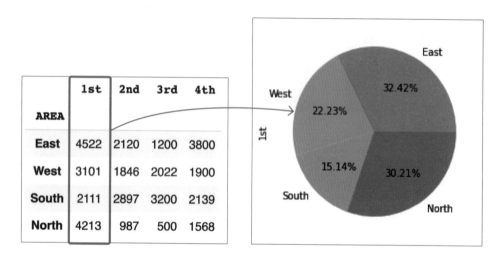

▲　圓餅圖：顯示不同區域佔第一季總銷售金額的比例

 **圓餅圖**　　　　　　　　　　　　　　　　　　　　　EX5-2.3.ipynb

 01　首先讀取「年度銷售金額 .csv」並轉成資料框型別，以 'AREA' 欄位的內容為自定列索引。

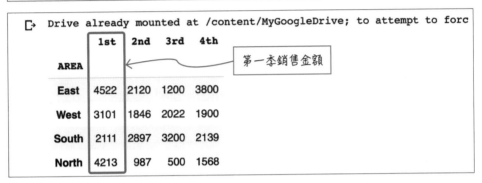

```
1 from google.colab import drive
2 drive.mount('/content/MyGoogleDrive')
3 import pandas as pd
4 df=pd.read_csv(i_filepath + '年度銷售金額.csv')
5 df.index = df['AREA']
6 df = df.drop('AREA', axis=1)
7 df
```

Drive already mounted at /content/MyGoogleDrive; to attempt to forc

AREA	1st	2nd	3rd	4th
East	4522	2120	1200	3800
West	3101	1846	2022	1900
South	2111	2897	3200	2139
North	4213	987	500	1568

第一季銷售金額

02 想看看不同區域佔第一季總銷售金額的比例，此時就可以用圖餅圖來呈現。將 plot() 函式的 kind 參數設定為 'pie'，繪製「1st」行資料的圓餅圖。

```
1 df['1st'].plot(kind='pie')
```

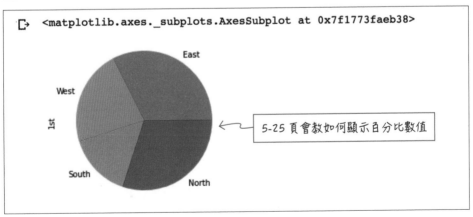

```
<matplotlib.axes._subplots.AxesSubplot at 0x7f1773faeb38>
```

5-25 頁會教如何顯示百分比數值

加深
知識

繪製圓餅圖除了預設顯示的樣式之外，還可以利用設定參數的方式來改造一下圓餅圖，讓圖表呈現不一樣的風貌。

繪製
圓餅圖

資料框必須只有一個「行資料」

資料框名稱.plot(kind='pie',參數)

title
標題文字

title='字串'

plot()在Colab環境中
預設並不支援中文喔！

```
1 df['1st'].plot(kind='pie', title='Proportion of each area')
```

<matplotlib.axes._subplots.AxesSubplot at 0x7f1773f10128>

Proportion of each area

標題文字

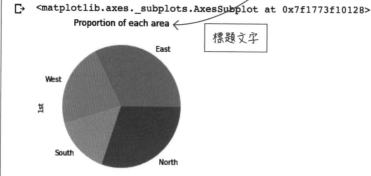

接下頁

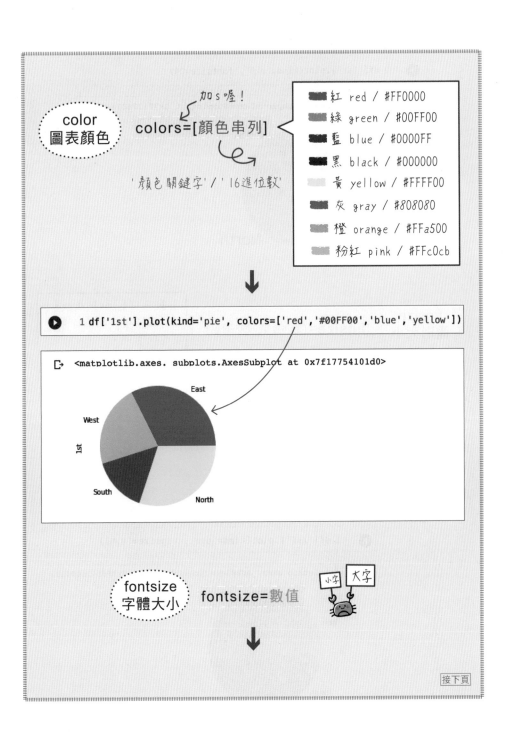

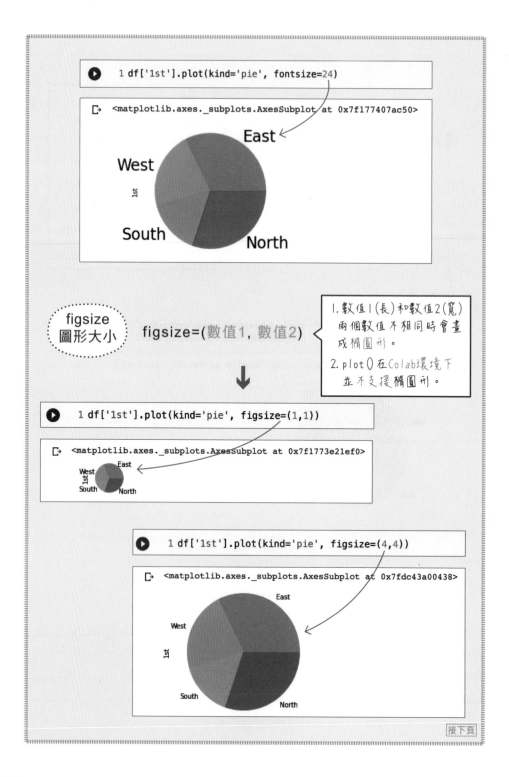

```
1 df['1st'].plot(kind='pie', fontsize=24)
```

```
<matplotlib.axes._subplots.AxesSubplot at 0x7f177407ac50>
```

figsize
圖形大小

figsize=(數值1, 數值2)

1. 數值1(長) 和數值2(寬) 兩個數值不相同時會畫成橢圓形。

2. plot() 在 Colab 環境下並不支援橢圓形。

```
1 df['1st'].plot(kind='pie', figsize=(1,1))
```

```
<matplotlib.axes._subplots.AxesSubplot at 0x7f1773e21ef0>
```

```
1 df['1st'].plot(kind='pie', figsize=(4,4))
```

```
<matplotlib.axes._subplots.AxesSubplot at 0x7fdc43a00438>
```

接下頁

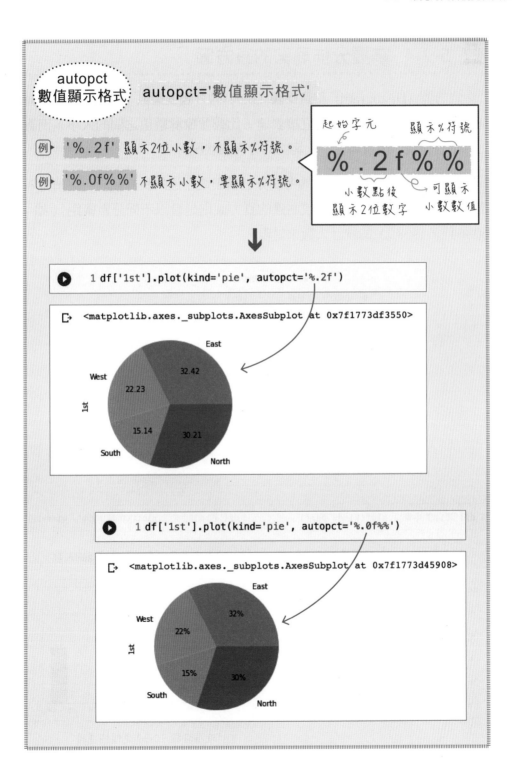

autopct
數值顯示格式

autopct='數值顯示格式'

起始字元　　　　顯示%符號

%.2f%%

小數點後　　　　可顯示
顯示2位數字　　小數數值

例▶ '**%.2f**' 顯示2位小數，不顯示%符號。

例▶ '**%.0f%%**' 不顯示小數，要顯示%符號。

```
1 df['1st'].plot(kind='pie', autopct='%.2f')
```

```
<matplotlib.axes._subplots.AxesSubplot at 0x7f1773df3550>
```

```
1 df['1st'].plot(kind='pie', autopct='%.0f%%')
```

```
<matplotlib.axes._subplots.AxesSubplot at 0x7f1773d45908>
```

5-2-4　掌握分佈局勢的直方圖

　　直方圖 (Histogram) 和長條圖 (Bar) 的外觀很類似，差別在於長條圖通常用來顯示實際數值，可直接表達、比較並瞭解數值之間的大小，而直方圖則是呈現一組資料在不同範圍的分佈布狀況。

　　如下圖所示，10 位同學的考試分數繪製成左邊的長條圖時可以清楚看出每位同學成績的高低，改成右邊的直方圖則是會以不同分數級距（如：60~64、64~68...）的統計人數來呈現。

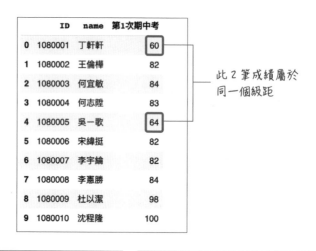

```
1 df['第1次期中考'].plot(kind='bar')
```

```
1 df['第1次期中考'].plot(kind='hist', bins=10)
```

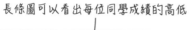

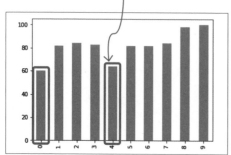

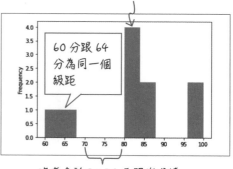

▲ 直方圖：顯示成績分布的情形

 實作 **直方圖**　　　　　　　　　　　　　　EX5-2.4.ipynb

01 首先讀取「學生成績檔 .csv」並轉成資料框型別，呼叫 head() 函式顯示前 5 列資料。

```
1 from google.colab import drive
2 drive.mount('/content/MyGoogleDrive')
3 import pandas as pd
4 df=pd.read_csv(i_filepath + '學生成績檔.csv')
5 df.head()
```

Drive already mounted at /content/MyGoogleDrive; to attempt to forcibly remount, call drive.mount

	ID	name	sex	email	第1次平時考	第2次平時考	第3次平時考	第4次平時考	第5次平時考
0	1080027	陳生貞	男	1080027@sun.tc.edu.tw	97	100	100	100	100
1	1080012	林聚峰	男	1080012@sun.tc.edu.tw	94	100	100	94	95
2	1080002	王倫樺	女	1080002@sun.tc.edu.tw	92	100	95	99	96
3	1080013	林保苓	女	1080013@sun.tc.edu.tw	92	94	99	96	94
4	1080028	陳宇愷	男	1080028@sun.tc.edu.tw	94	92	93	94	100

02 將 plot() 函式的 kind 參數設定為 'hist'，繪製「第 1 次平時考」成績的直方圖，由圖中可以清楚看出此次考試同學們的成績大都介於 80~100 之間。

```
1 df['第1次平時考'].plot(kind='hist')
```

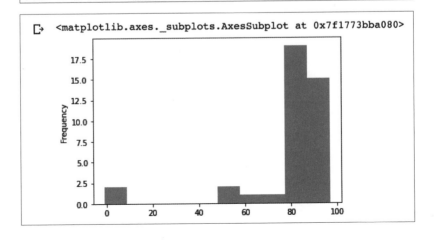

`<matplotlib.axes._subplots.AxesSubplot at 0x7f1773bba080>`

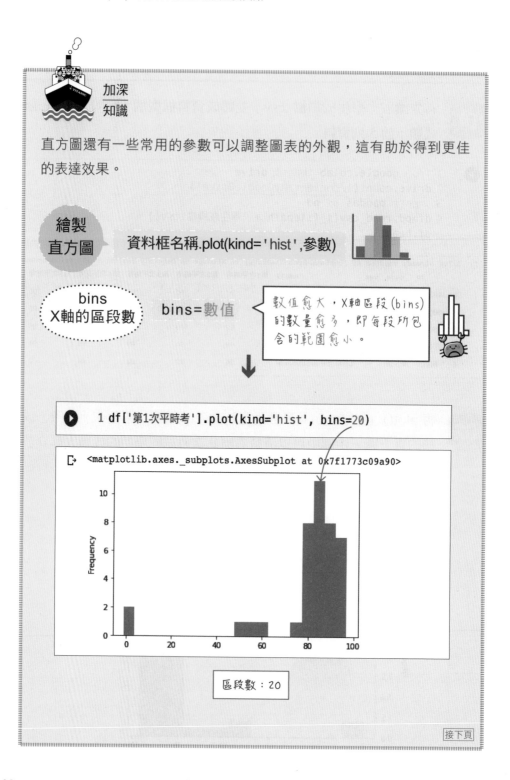

加深
知識

直方圖還有一些常用的參數可以調整圖表的外觀，這有助於得到更佳
的表達效果。

繪製
直方圖　　資料框名稱.plot(kind='hist',參數)

bins
X軸的區段數　　bins=數值

> 數值愈大，X軸區段(bins)
> 的數量愈多，即每段所包
> 含的範圍愈小。

```
1 df['第1次平時考'].plot(kind='hist', bins=20)
```

<matplotlib.axes._subplots.AxesSubplot at 0x7f1773c09a90>

區段數：20

接下頁

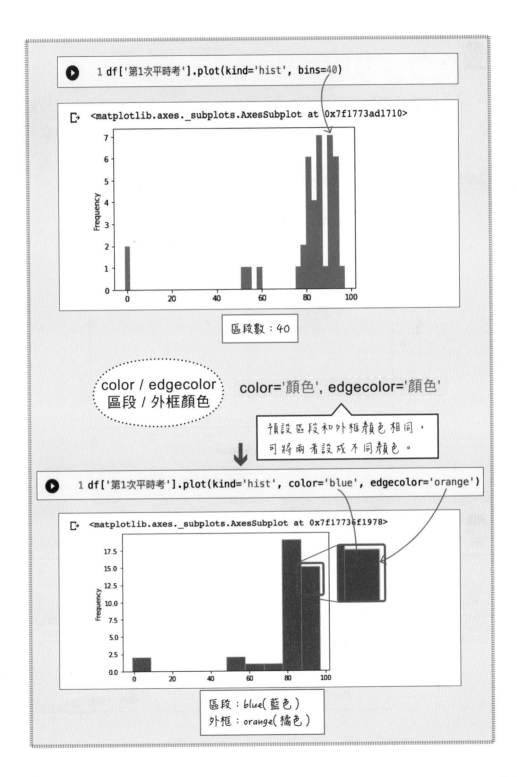

```
1 df['第1次平時考'].plot(kind='hist', bins=40)
```

<matplotlib.axes._subplots.AxesSubplot at 0x7f1773ad1710>

區段數：40

color / edgecolor
區段 / 外框顏色

color='顏色', edgecolor='顏色'

預設區段和外框顏色相同，
可將兩者設成不同顏色。

```
1 df['第1次平時考'].plot(kind='hist', color='blue', edgecolor='orange')
```

<matplotlib.axes._subplots.AxesSubplot at 0x7f17736f1978>

區段：blue(藍色)
外框：orange(橘色)

5-2-5　愛找模式的散佈圖

　　散佈圖最常用於呈現兩種數據的關連性，例如：身高和體重之間的關係，即身高越高體重通常會越重等。將所有的資料點繪製在圖上，就能看看資料是否有明顯的「分群」、「相關性」或是找出「異常值」。如下圖所示，可看出氣溫越高時，紅茶的銷售量就越好，表示二者之間具有正相關性。

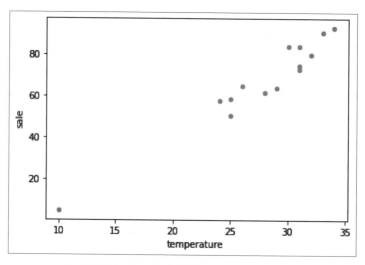

▲ 散佈圖：氣溫與紅茶銷售量之間的相關性

 散佈圖　　　　　　　　　　　　　　　　　　　EX5-2.5.ipynb

繪製
散佈圖　　　資料框名稱.plot(kind='scatter',x='行索引1', y='行索引2'), 參數)

1. '行索引1'、'行索引2' 是資料框的兩行資料。
2. '行索引1'、'行索引2' 分別為圖形x軸和y軸的內容。
3. 資料內容皆須為數值。

01　首先讀取本章範例內，台北市年度氣溫與日曬時數 [註3] 資料檔「sunshine.csv」並轉成資料框型別。

```
1 from google.colab import drive
2 drive.mount('/content/MyGoogleDrive')
3 import pandas as pd
4 df=pd.read_csv(i_filepath + 'sunshine.csv')
5 df
```

Drive already mounted at /content/MyGoogleDrive; to attempt to for

	Month	Temperature	SunShine
0	1	18.5	78.0
1	2	18.8	55.5
2	3	19.8	76.3
3	4	24.2	105.0
4	5	25.0	80.3
5	6	28.5	91.4
6	7	30.3	145.5
7	8	30.5	186.8
8	9	27.3	139.7
9	10	25.3	159.0
10	11	22.0	102.9
11	12	19.1	80.8

02　將 plot() 函式的 kind 參數設定為 'scatter'，並且設定 x 軸、y 軸的數據來源分別為「SunShine」和「Temperature」二行資料，繪製該月份日曬時數和氣溫之間的相關性。由下圖可以清楚看出日曬時間越長氣溫普遍會越高。

註3　資料來源：交通部中央氣象局
https://www.cwb.gov.tw/V8/C/C/Statistics/monthlymean.html。

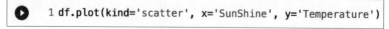

```
1 df.plot(kind='scatter', x='SunShine', y='Temperature')
```

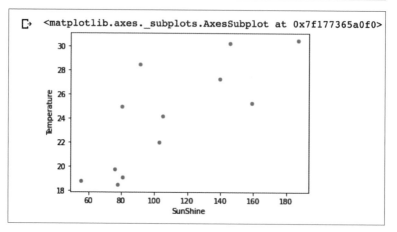

<matplotlib.axes._subplots.AxesSubplot at 0x7f177365a0f0>

加深
知識

1. 呼叫 plot() 函式繪製圖表時，pandas 會自動依資料框中的數值範圍為 x 軸和 y 軸的基準，可以依需求利用 xlim 、ylim 參數更改座標軸的起始和終止值。

設定
X、Y軸
座標值

xlim=(x軸起始值, x軸終止值), ylim=(y軸起始值, y軸終止值)

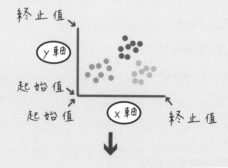

接下頁

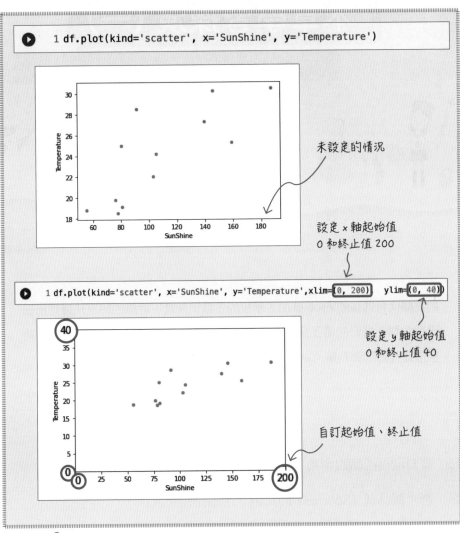

```
1 df.plot(kind='scatter', x='SunShine', y='Temperature')
```

未設定的情況

設定 x 軸起始值
0 和終止值 200

```
1 df.plot(kind='scatter', x='SunShine', y='Temperature',xlim=(0, 200)   ylim=(0, 40))
```

設定 y 軸起始值
0 和終止值 40

自訂起始值、終止值

加廣
知識

並非所有資料都能繪製成任何類型的統計圖表，以 pandas 的序列而言，
由於它屬於一維的資料，所以無法產出散佈圖。因為散佈圖是用來觀
察兩項數據的相關性，需要用到如資料框二維型別的資料。

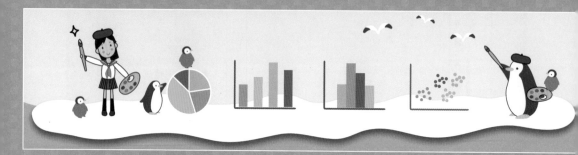

對企鵝情有獨鍾的 Alice 參加了學校的企鵝研究社。社團的朋友知道她正在研究企鵝，好奇的傳了訊息問她企鵝資料集研究的進度。她決定請小 P 將目前處理好的資料集 (penguin.csv) 加以資料視覺化，再分享到社團中。

🐧 演練內容

1. 資料取得：讀取企鵝資料集 (penguin.csv) 並轉換為資料框。

2. 將企鵝品種 (Species) 的比例，用圓餅圖來表示。

     提示　計算一行中各種值出現的次數：df['Species'].value_counts()
    繪製圓餅圖：df.plot(kind='pie', 參數)

3. 分別將各品種的身長 (Length_cm) 及重量 (Weight_g) 的平均值，繪製成長條圖。

     提示　將資料進行分組並計算平均：
    　　　df.groupby(['Species'])['Length_cm'].mean()
    繪製長條圖：df.plot(kind='bar', 參數)

4. 分別將各品種身長 (Length_cm) 及重量 (Weight_g) 的級距分佈，以直方圖繪製。

 提示　繪製直方圖：df.plot(kind='hist', 參數)

5. 將各品種身長 (Length_cm) 及重量 (Weight_g) 的分佈狀況，以不同顏色的散佈圖來顯示。

 提示　將各品種資料轉換成色彩值後再新增 color 欄位：
　　　df['colors'] = df['Species'].map(c)
　　　繪製散佈圖：df.plot(kind='scatter', x='Length_cm',
　　　　　　　　　　y='Weight_g', c=df['colors'])

6. 儲存結果：程式碼 Penguin05.ipynb，企鵝資料檔 Penguin05.csv。

🐧 參考結果

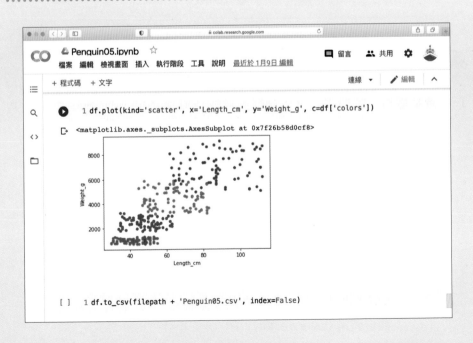

本章學習操演（二）

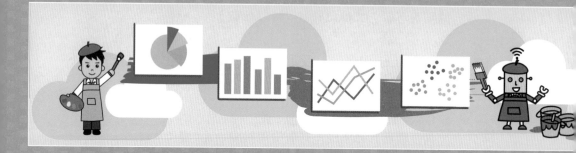

這天 Bob 要和研發團隊討論開發新鞋款，除了原來的資料欄位外，他想試著由 BMI 值來了解男、女生的身材，看看是否和穿鞋的尺寸有關。他將男、女生穿鞋尺寸的資料集 (ShoeSize.csv) 繪製成一些統計圖形，透過資料的視覺化，讓研發團隊更容易一目了然。

 演練內容

1. 資料取得：讀取男、女生穿鞋尺寸的資料集 (ShoeSize.csv) 並轉換為資料框。

2. 新增 BMI 欄位，計算公式為 BMI= 體重（公斤）/ 身高 ^{2}（公尺 ^{2}）。

3. 將男、女的 BMI 值依下列標準，分別以「圓餅圖」繪製所佔的比例。

> 提示
> 計算筆數：count()
> 體重過輕 (Underweight)：BMI<18.5
> 健康體位 (Fit)：18.5<=BMI<24
> 體位異常 (Overweight)：BMI>=24

4. 以 BMI 值來分類，計算其中所包含男、女生人數的分佈狀況，並且以「長條圖」來表示。

5. 分別將男、女生身高 (Height_cm) 級距的人數分佈繪製成「直方圖」。(分 15 個級距)

6. 分別將男、女生體重 (Weight_kg) 級距的人數分佈狀況，以 15 個級距的「直方圖」來顯示。

7. 以不同顏色的散佈圖分別繪製男、女生身高 (Height_cm) 及鞋的尺寸 (Shoe size_cm) 的分佈情形。

提示　將各種鞋的尺寸資料轉換成色彩值後再新增 colors 欄位：
df['colors'] = df['Shoe size_cm'].map(c)

8. 儲存結果：程式碼 Shoes05.ipynb，鞋尺寸資料檔 Shoes05.csv。

參考結果

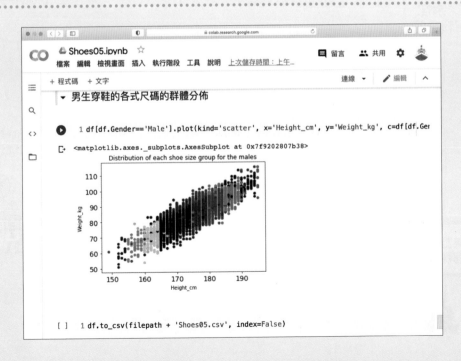

探索性
資料分析

請問…？

資料科學～
不過就是問個感興趣的問題

0

感興趣
的問題

❶ 自建資料或下載資料後上傳到雲端硬碟
❷ 讀取 Google 雲端硬碟中的 csv 檔
❸ 將行列結構的資料建立為 Pandas 的資料框

1

資料
取得

❶ 由列資料瞭解資料集
❷ 行資料的資料型別
❸ 資料清理

● 檢視空值 isnull()
● 補值 fillna()
● 計算次數 value_counts()
● 重複資料 duplicated()
● 轉換 map()

　● 缺值的補值或刪除
　● 刪除重複值或異常值
　● 資料轉換

2

資料
處理

❶ 觀察資料的分佈 (統計)
❷ 資料視覺化
❸ 由資料間的關聯性找出重要「特徵」

● 分組 groupby()
● 計算個數 count()
● 畫圖 plot()

3

探索性
資料分析

Why?

為什麼特徵值很重要？

想要用特徵值來判斷水果的種類??

蘋果 5 個　芭樂 5 個　楊桃 5 個

用「顏色」做特徵值，蘋果、楊桃
判斷正確，芭樂則有 1 個被誤判！

用「形狀」做特徵值，只有楊桃被
正確判斷，蘋果和芭樂各有 2 個被誤判！

預測分類\真實數據	🍎	🥝	🍊
🍎	5	0	0
🥝	0	5	0
🍊	0	1	4

vs.

預測分類\真實數據	🍎	🥝	🍊
🍎	3	0	2
🥝	0	5	0
🍊	2	0	3

4

機器學習
做資料分析

❶ 提出具體的假設
❷ 找出機器學習模型
❸ 提出機器學習後的資料分析結果

第 6 章

經典案例演練！
更深入的探索性資料分析

一次成功的「資料科學」航程，從一個感到興趣的問題開始，透過第1章提到資料科學的步驟，先「取得」資料，再對資料進行「處理」、「探索」及「分析」，進而取得問題的「可能答案」。

　　歷經前幾章介紹資料科學的資料取得和資料處理（含清理、轉換、處理、視覺化等）兩大步驟之後，接下來終於可以透過「探索性資料分析 (Exploratory Data Analysis)」進一步發掘隱藏在資料之中的秘密。

　　進行複雜或嚴謹的分析之前，必須要對資料有更多認識，才能訂定「對」的分析方向，最後得到「有用」的結論。本章將會以「Titanic（鐵達尼號）」和「Iris（鳶尾花）」2 個資料集 (dataset) 實例操作，引導您進行資料科學探索的驚奇之旅。

6-1　探索性資料分析 — 以 Titanic (鐵達尼號) 之生還預測為例

「鐵達尼號沉沒事故是一個偉大的、真實的小說」詹姆斯・卡麥隆這樣形容曾經是世界上最大、最豪華郵輪傳奇性的首航旅程。這事蹟的資料集也被 kaggle 所收錄，並且是熱門的機器學習競賽主題之一。

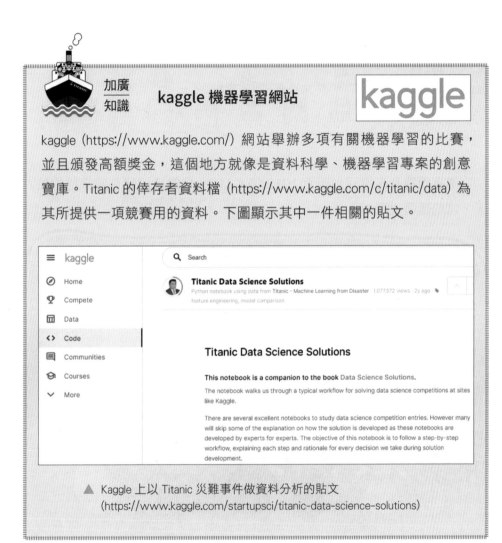

加廣知識　kaggle 機器學習網站

kaggle (https://www.kaggle.com/) 網站舉辦多項有關機器學習的比賽，並且頒發高額獎金，這個地方就像是資料科學、機器學習專案的創意寶庫。Titanic 的倖存者資料檔 (https://www.kaggle.com/c/titanic/data) 為其所提供一項競賽用的資料。下圖顯示其中一件相關的貼文。

▲ Kaggle 上以 Titanic 災難事件做資料分析的貼文
(https://www.kaggle.com/startupsci/titanic-data-science-solutions)

資料科學 ❶ 問個感興趣的問題

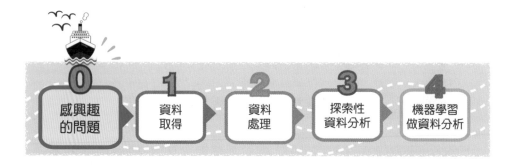

讓我們將時光拉回到西元 1912 年 4 月 15 日鐵達尼號首航行程的第六天，當船難發生時：

資料科學① 資料取得

　　資料取得可以說是資料科學首要的步驟，例如：想要探究「隨手拍下野鳥照片就能立即顯示該鳥類的特性資料」的主題，得事先準備各種鳥類相關的圖片，從照片中擷取分析出每種鳥類的身長、腳長、羽毛顏色等資料；圖片的來源可以是自行拍攝，也可以在符合智慧財產權規範下從現有的書本翻拍或網站圖庫下載等。

　　接著將介紹如何使用由 kaggle 網站取得的 Titanic （鐵達尼號） 資料集，並建置成 pandas 資料框結構。

資料取得① 自建資料或下載資料後，上傳到雲端硬碟

　　從 kaggle 網站 https://www.kaggle.com/c/titanic/data [註1] 下載「titanic.zip」，解壓縮後將「train.csv」上傳到 Google 雲端硬碟。「train.csv」包含的行資料說明如下表。

註1　Kaggle 上有關「Titanic 沉船災難事件」的預測競賽網頁。

▼「train.csv」行資料說明

行名稱	中文	說明
PassengerId	乘客代號	共 891 筆
Survived	生還狀況	0：死亡，1：生還
Pclass	艙等	艙位等級，即一等艙、二等艙、三等艙，以 1,2,3 表示。1 最高，3 最低
Name	姓名	
Sex	性別	male：男性，female：女性
Age	年齡	
SibSp	手足及配偶數	手足、配偶也在船上的數量。Sib (Sibling)：兄弟姐妹，Sp (Spouse)：配偶
Parch	雙親及子女數	雙親或子女也在船上的數量，若只跟保姆搭船則為 0
Ticket	船票編號	
Fare	票價	
Cabin	客艙編號	
Embarked	登船港口	C：Cherbourg，Q：Queenstown，S：Southampton

資料取得 ❷❸　讀取 CSV 檔，並建立為 Pandas 的資料框

首先讀取 Google drive 的 CSV 檔案「train.csv」並轉成資料框型別，可看出資料共有 891 筆記錄 (列資料)，每筆記錄分別有 12 個行資料。

```
1 from google.colab import drive
2 drive.mount('/content/MyGoogleDrive')
3 import pandas as pd
4 df=pd.read_csv(i_filepath + 'train.csv')
5 df
```

Mounted at /content/MyGoogleDrive

	PassengerId	Survived	Pclass	Name	Sex	Age	SibSp	Parch	Ticket	Fare	Cabin	Embarked
0	1	0	3	Braund, Mr. Owen Harris	male	22.0	1	0	A/5 21171	7.2500	NaN	S
1	2	1	1	Cumings, Mrs. John Bradley (Florence Briggs Th...	female	38.0	1	0	PC 17599	71.2833	C85	C
2	3	1	3	Heikkinen, Miss. Laina	female	26.0	0	0	STON/O2. 3101282	7.9250	NaN	S
3	4	1	1	Futrelle, Mrs. Jacques Heath (Lily May Peel)	female	35.0	1	0	113803	53.1000	C123	S
4	5	0	3	Allen, Mr. William Henry	male	35.0	0	0	373450	8.0500	NaN	S
...	...	...	...	...	...	...	...	...	...	...	...	...
886	887	0	2	Montvila, Rev. Juozas	male	27.0	0	0	211536	13.0000	NaN	S
887	888	1	1	Graham, Miss. Margaret Edith	female	19.0	0	0	112053	30.0000	B42	S
888	889	0	3	Johnston, Miss. Catherine Helen "Carrie"	female	NaN	1	2	W./C. 6607	23.4500	NaN	S
889	890	1	1	Behr, Mr. Karl Howell	male	26.0	0	0	111369	30.0000	C148	C
890	891	0	3	Dooley, Mr. Patrick	male	32.0	0	0	370376	7.7500	NaN	Q

891 rows × 12 columns

891 列 ×12 行

6

TIP

機器學習的模型(model)以表格(如Excel的欄及列)為其資料輸入的格式，所以不論是自建資料或者從網路下載的資料都必須依其資料組成架構做適當的調整和更改，如資料轉換、補缺失值、刪除異常值等。

資料
科學
② 資料處理

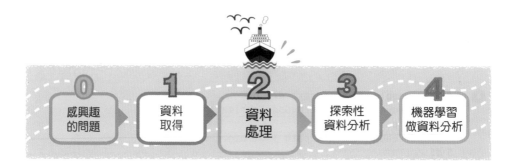

真實世界的資料常常有不完整、錯誤或者不一致的情形，以本主題為例，當年的乘客資料並不完整，例如：未記載年齡、登船的港口、客艙的編號等，而如果這些數據與判斷生還與否有相當密切的關係時，那就得進行資料前處理，以利後續的資料分析。

資料
處理
❶ 由列資料瞭解資料集

呼叫 head() 函式印出前 5 列，代表前 5 位乘客的資料。從資料框中可以看出列索引「0」之乘客代號 (PassengerId) 為「1」的資料如下：

```
1 df.head()
```

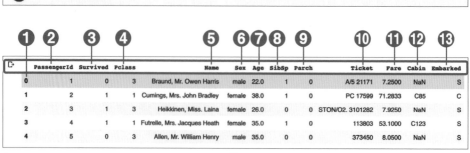

	PassengerId	Survived	Pclass	Name	Sex	Age	SibSp	Parch	Ticket	Fare	Cabin	Embarked
0	1	0	3	Braund, Mr. Owen Harris	male	22.0	1	0	A/5 21171	7.2500	NaN	S
1	2	1	1	Cumings, Mrs. John Bradley	female	38.0	1	0	PC 17599	71.2833	C85	C
2	3	1	3	Heikkinen, Miss. Laina	female	26.0	0	0	STON/O2. 3101282	7.9250	NaN	S
3	4	1	1	Futrelle, Mrs. Jacques Heath	female	35.0	1	0	113803	53.1000	C123	S
4	5	0	3	Allen, Mr. William Henry	male	35.0	0	0	373450	8.0500	NaN	S

 説明詳見下頁

❶ 列索引　　　　　　　　　　　　　❽ 手足及配偶數 (SibSp)：1 位

❷ 乘客代號　　　　　　　　　　　　❾ 雙親及子女數 (Parch)：0 (無)

❸ 生還狀況 (Survived)：0 (未生還)　❿ 船票編號 (Ticket)：A/5 21171

❹ 艙等 (Pclass)：3 等艙　　　　　　⓫ 票價 (Fare)：7.2500

❺ 姓名 (Name)：Braund, Mr. Owen Harris　⓬ 客艙編號 (Cabin)：NaN (未記載)

❻ 性別 (Sex)：male (男)　　　　　⓭ 登船港口 (Embarked)：

❼ 年齡 (Age)：22 歲　　　　　　　　　 S(Southampton，指南安普敦港口)

資料處理 ❷ 瞭解行資料的標題與資料型別 (整數、浮點數、字串等)

01　呼叫 info() 函式檢視各行資料的標題及資料型別，資料框共有 891 筆 (列) 資料，其中有 3 行資料不足 891 筆：

6

```
1 df.info()
```

共 891 筆

年齡缺 177 筆

客艙編號
缺 687 筆

登船港口
缺 2 筆

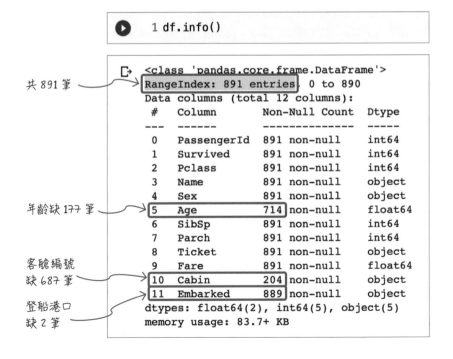

```
<class 'pandas.core.frame.DataFrame'>
RangeIndex: 891 entries, 0 to 890
Data columns (total 12 columns):
 #   Column       Non-Null Count  Dtype
---  ------       --------------  -----
 0   PassengerId  891 non-null    int64
 1   Survived     891 non-null    int64
 2   Pclass       891 non-null    int64
 3   Name         891 non-null    object
 4   Sex          891 non-null    object
 5   Age          714 non-null    float64
 6   SibSp        891 non-null    int64
 7   Parch        891 non-null    int64
 8   Ticket       891 non-null    object
 9   Fare         891 non-null    float64
 10  Cabin        204 non-null    object
 11  Embarked     889 non-null    object
dtypes: float64(2), int64(5), object(5)
memory usage: 83.7+ KB
```

02 接著呼叫 describe() 函式顯示一些相關統計數據：891 人中約有 38% (0.383838) 生還、年齡最小的乘客還不到一歲 (0.42)、年齡最大的乘客是 80 歲 (80) 等。

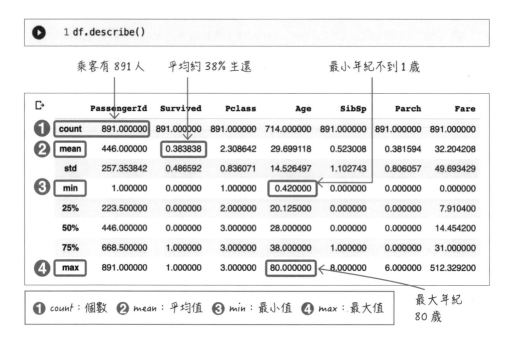

		PassengerId	Survived	Pclass	Age	SibSp	Parch	Fare
❶	count	891.000000	891.000000	891.000000	714.000000	891.000000	891.000000	891.000000
❷	mean	446.000000	0.383838	2.308642	29.699118	0.523008	0.381594	32.204208
	std	257.353842	0.486592	0.836071	14.526497	1.102743	0.806057	49.693429
❸	min	1.000000	0.000000	1.000000	0.420000	0.000000	0.000000	0.000000
	25%	223.500000	0.000000	2.000000	20.125000	0.000000	0.000000	7.910400
	50%	446.000000	0.000000	3.000000	28.000000	0.000000	0.000000	14.454200
	75%	668.500000	1.000000	3.000000	38.000000	1.000000	0.000000	31.000000
❹	max	891.000000	1.000000	3.000000	80.000000	8.000000	6.000000	512.329200

乘客有 891 人　　　平均約 38% 生還　　　最小年紀不到 1 歲

最大年紀 80 歲

❶ count：個數　❷ mean：平均值　❸ min：最小值　❹ max：最大值

資料清理

缺失值的補值或刪除

太多的缺失值容易影響資料分析時的完整性和準確性，當資料框有缺失值時，通常會採用下列三種方式進行處理：

● 移除有缺失值的列 (row)。

● 移除有缺失值的行 (column)。

● 填補有缺失值的資料格。

　　由資料框中可看出鐵達尼號的原始資料並不完整，部分的資料格有缺失值，而缺失值中的「Age（年齡）」對於判斷生還與否又屬於重要的特徵值，因此我們需要補上適當的值，這個值可以是統計上的平均數、中位數、眾數、亂數等。在本例中採用的是以所有乘客的平均年齡做為缺失值的補值。

　　我們可以先使用 isnull() 函式檢示資料框中的內容是否為空值(NaN)，再進行 sum()、count() 或其他函式的運算。

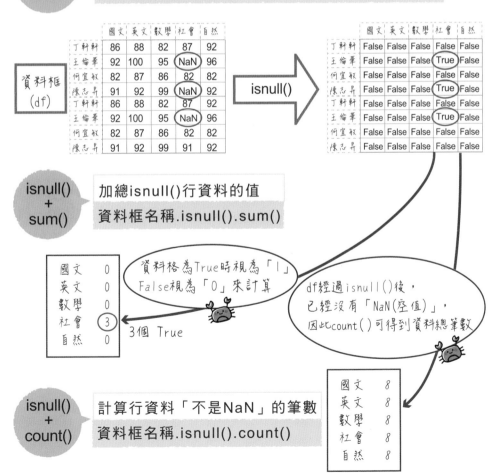

01 接下來的兩個步驟是了解缺失值筆數所佔的比例。先利用 isnull() 函式可以檢視資料格內容是否為「NaN （空值）」（也就是缺失值），若為 NaN 為 True、反之則為 False。

```
1 df.isnull()
```

	PassengerId	Survived	Pclass	Name	Sex	Age	SibSp	Parch	Ticket	Fare	Cabin	Embarked
0	False	False	False	False	False	False	False	False	False	False	True	False
1	False	False	False	False	False	False	False	False	False	False	False	False
2	False	False	False	False	False	False	False	False	False	False	True	False
3	False	False	False	False	False	False	False	False	False	False	False	False
4	False	False	False	False	False	False	False	False	False	False	True	False
...	...	...	...	...	...	...	...	...	...	...	...	...
886	False	False	False	False	False	False	False	False	False	False	True	False
887	False	False	False	False	False	False	False	False	False	False	False	False
888	False	False	False	False	False	True	False	False	False	False	True	False
889	False	False	False	False	False	False	False	False	False	False	False	False
890	False	False	False	False	False	False	False	False	False	False	True	False

891 rows × 12 columns

True 代表缺失值

02 接著利用 sum() 和 count() 函式可以算出各行缺失值的比例，例如：Age （年齡） 缺了 177 筆、缺失值比例 19%，Cabin （客艙編號） 缺 687 筆、缺失值比例 77%，Embarked （登船港口） 缺 2 筆、缺失值比例 0.2%。

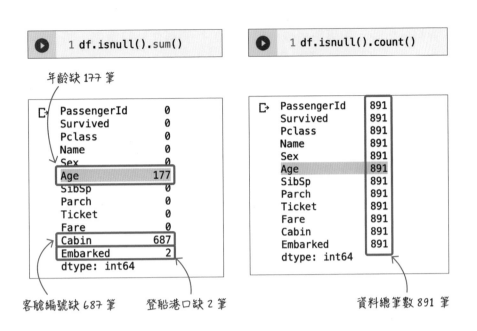

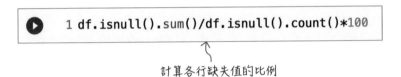

計算各行缺失值的比例

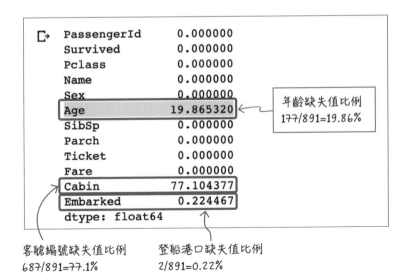

　　資料分析時，如果使用缺失值過多的行資料作為特徵值，將會影響分析結果的準確性。依據 **01** **02** 這兩個步驟的結果觀察，接下來步驟 **03** ～ **08** 將對 3 個有缺失值的行資料進行以下的處理：

1.　Age（年齡）缺 177 筆：年齡和生還與否 " 可能有 " 比較高的關連性，所以需進行補值，以全體乘客的平均年齡填補缺失值。

2.　Embarked（登船港口）缺 2 筆：以最多乘客的登船港口填補缺失值。

3.　Cabin（客艙編號）缺 687 筆：客艙編號缺失值太多，刪除此行資料。

資料框名稱[行索引] = 資料框名稱[行索引].fillna(資料框名稱[行索引].mean())

```
df['age'] = df['age'].fillna(df['age'].mean())
```

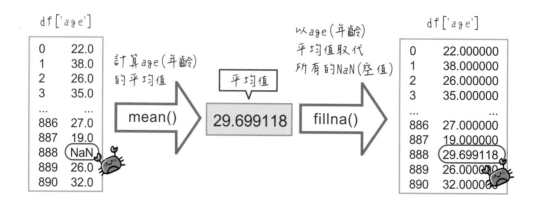

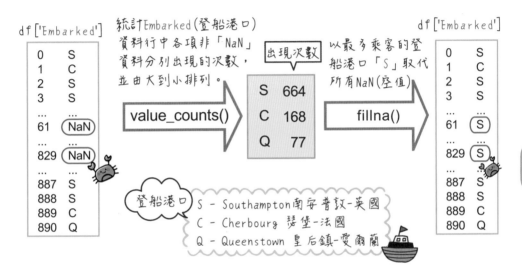

計算資料
出現次數
value_counts()

計算不同資料出現的次數並依次數由大到小排序
資料框名稱['行索引'].value_counts()

`df['Embarked'].value_counts()`　　`df['Embarked']=df['Embarked'].fillna('S')`

df['Embarked']

```
0    S
1    C
2    S
3    S
...  ...
61   NaN
...  ...
829  NaN
...  ...
887  S
888  S
889  C
890  Q
```

統計 Embarked（登船港口）
資料行中各項非「NaN」
資料分別出現的次數，
並由大到小排列。

value_counts()

出現次數

```
S  664
C  168
Q   77
```

以最多乘客的登
船港口「S」取代
所有 NaN（空值）

fillna()

df['Embarked']

```
0    S
1    C
2    S
3    S
...  ...
61   S
...  ...
829  S
...  ...
887  S
888  S
889  C
890  Q
```

登船港口　S – Southampton 南安普敦-英國
　　　　　C – Cherbourg 瑟堡-法國
　　　　　Q – Queenstown 皇后鎮-愛爾蘭

03 呼叫 isnull() 函式檢視 Age（年齡）中有缺失值的資料。

```
1 df[df['Age'].isnull() == True]
```

	PassengerId	Survived	Pclass	Name	Sex	Age	SibSp	Parch	Ticket	Fare	Cabin	Embarked
5	6	0	3	Moran, Mr. James	male	NaN	0	0	330877	8.4583	NaN	Q
17	18	1	2	Williams, Mr. Charles Eugene	male	NaN	0	0	244373	13.0000	NaN	S
19	20	1	3	Masselmani, Mrs. Fatima	female	NaN	0	0	2649	7.2250	NaN	C
26	27	0	3	Emir, Mr. Farred Chehab	male	NaN	0	0	2631	7.2250	NaN	C
28	29	1	3	O'Dwyer, Miss. Ellen "Nellie"	female	NaN	0	0	330959	7.8792	NaN	Q
...	...	...	...	...	...	...	...	...	...	...	...	...
859	860	0	3	Razi, Mr. Raihed	male	NaN	0	0	2629	7.2292	NaN	C
863	864	0	3	Sage, Miss. Dorothy Edith "Dolly"	female	NaN	8	2	CA. 2343	69.5500	NaN	S
868	869	0	3	van Melkebeke, Mr. Philemon	male	NaN	0	0	345777	9.5000	NaN	S
878	879	0	3	Laleff, Mr. Kristo	male	NaN	0	0	349217	7.8958	NaN	S
888	889	0	3	Johnston, Miss. Catherine Helen "Carrie"	female	NaN			W./C.			S

177 rows × 12 columns

年齡皆為 NaN（空值）

共 177 筆有缺失值

04 呼叫 mean() 函式計算全體乘客的平均年齡，透過 fillna() 函式將 Age（年齡）的 177 筆缺失值，以全體乘客的平均年齡來填補缺失值。

```
1 df['Age']=df['Age'].fillna(df['Age'].mean())
2 df
```

	PassengerId	Survived	Pclass	Name	Sex	Age	SibSp	Parch	Ticket
0	1	0	3	Braund, Mr. Owen Harris	male	22.000000	1	0	A/5 21171
1	2	1	1	Cumings, Mrs. John Bradley (Florence Briggs Th...	female	38.000000	1	0	PC 17599
2	3	1	3	Heikkinen, Miss. Laina	female	26.000000	0	0	STON/O2. 3101282
3	4	1	1	Futrelle, Mrs. Jacques Heath (Lily May Peel)	female	35.000000	1	0	113803
4	5	0	3	Allen, Mr. William Henry	male	35.000000	0	0	373450
...	...	...	...	...	...	...	...	...	...
886	887	0	2	Montvila, Rev. Juozas	male	27.00			6
887	888	1	1	Graham, Miss. Margaret Edith	female	19.000000	0		112053
888	889	0	3	Johnston, Miss. Catherine Helen "Carrie"	female	29.699118	1	2	W./C. 6607
889	890	1	1	Behr, Mr. Karl Howell	male	26.000000	0	0	111369

缺值已補上平均年齡

05 呼叫 isnull() 函式檢視 Embarked（登船港口）中有缺失值的資料，共 2 筆，分別是列索引 61 和 829。

```
1 df[df['Embarked'].isnull()]
```

列索引 61、829 登船港口缺值

	PassengerId	Survived	Pclass	Sex	Age	SibSp	Parch	Ticket	Fare	Cabin	Embarked
61	62	1	1	female	38.0	0	0	113572	80.0	B28	NaN
829	830	1	1	female	62.0	0	0	113572	80.0	B28	NaN

06 呼叫 value_counts() 函式計算 Embarked（登船港口）的人數，發現最多乘客的登船港口是「S(Southampton 南安普敦)」。

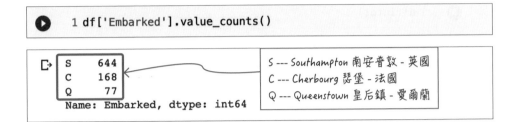

```
1 df['Embarked'].value_counts()
```

```
S    644
C    168
Q     77
Name: Embarked, dtype: int64
```

S --- Southampton 南安普敦 - 英國
C --- Cherbourg 瑟堡 - 法國
Q --- Queenstown 皇后鎮 - 愛爾蘭

> **TIP**
> value_counts()是統計資料行中各項非NaN資料值分列出現的次數，而count()則是只計算該行非NaN的總筆數。

07 呼叫 fillna() 函式以最多人登船的港口「S」填到 NaN 的資料格內。

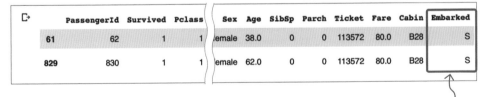

```
1 df['Embarked']=df['Embarked'].fillna('S')
2 df.loc[[61,829], :] #顯示列索引61,829的資料
```

	PassengerId	Survived	Pclass	Sex	Age	SibSp	Parch	Ticket	Fare	Cabin	Embarked
61	62	1	1	female	38.0	0	0	113572	80.0	B28	S
829	830	1	1	female	62.0	0	0	113572	80.0	B28	S

列索引 61、829 登船港口已補上「S」

08 Cabin（客艙編號）缺 687 筆，缺失值比高達 77%，呼叫 drop() 函式刪除此行資料。

```
1 df.info()
```

```
<class 'pandas.core.frame.DataFrame'>
RangeIndex: 891 entries, 0 to 890
Data columns (total 12 columns):
 #   Column       Non-Null Count  Dtype
---  ------       --------------  -----
 0   PassengerId  891 non-null    int64
 1   Survived     891 non-null    int64
 2   Pclass       891 non-null    int64
 3   Name         891 non-null    object
 4   Sex          891 non-null    object
 5   Age          891 non-null    float64
 6   SibSp        891 non-null    int64
 7   Parch        891 non-null    int64
 8   Ticket       891 non-null    object
 9   Fare         891 non-null    float64
 10  Cabin        204 non-null    object
 11  Embarked     891 non-null    object
dtypes: float64(2), int64(5), object(5)
memory usage: 83.7+ KB
```

Cabin（客艙編號）
缺 891-204=687 筆

```
1 df=df.drop('Cabin', axis=1)
2 df.info()
```

```
<class 'pandas.core.frame.DataFrame'>
RangeIndex: 891 entries, 0 to 890
Data columns (total 11 columns):
 #   Column       Non-Null Count  Dtype
---  ------       --------------  -----
 0   PassengerId  891 non-null    int64
 1   Survived     891 non-null    int64
 2   Pclass       891 non-null    int64
 3   Name         891 non-null    object
 4   Sex          891 non-null    object
 5   Age          891 non-null    float64
 6   SibSp        891 non-null    int64
 7   Parch        891 non-null    int64
 8   Ticket       891 non-null    object
 9   Fare         891 non-null    float64
 10  Embarked     891 non-null    object
dtypes: float64(2), int64(5), object(4)
memory usage: 76.7+ KB
```

Cabin（客艙編號）
行資料已被刪除

刪除重複值或異常值

刪除重複值是為了保留能識別的唯一鍵值，而異常值通常指的就是處於特定分佈區域或範圍之外的資料。

底下呼叫 duplicated() 函式檢查 df 資料框，發現並無重複的資料。

```
1 df[df.duplicated()]
```

PassengerId	Survived	Pclass	Name	Sex	Age	SibSp	Parch	Ticket	Fare	Embarked

資料轉換

接著依需要將原資料轉換成特定格式。在本例中「性別」、「登船港口」都是屬於 object 型別，無法直接做為資料視覺化（製作統計圖表）及機器學習所需的輸入資料，所以必須先將這類型的資料進行轉換。

底下呼叫 map() 函式將 Sex 的「female」（女）轉換成數值「0」、「male」（男）轉換成「1」；Embarked 的「S」轉換成「0」、「C」為「1」、「Q」為「2」。

```
1 df.head()
```

	PassengerId	Name	Sex	Age	SibSp	Parch	Ticket	Fare	Embarked
0	1	Braund, Mr. Owen Harris	male	22.0	1	0	A/5 21171	7.2500	S
1	2	Cumings, Mrs. John Bradley (Florence Briggs Th...	female	38.0	1	0	PC 17599	71.2833	C
2	3	Heikkinen, Miss. Laina	female	26.0	0	0	STON/O2. 3101282	7.9250	S
3	4	utrelle, Mrs. Jacques Heath (Lily May Peel)	female	35.0	1	0	113803	53.1000	S
4	5	Allen, Mr. William Henry	male	35.0	0	0	373450	8.0500	S

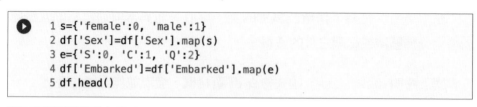

```
1 s={'female':0, 'male':1}
2 df['Sex']=df['Sex'].map(s)
3 e={'S':0, 'C':1, 'Q':2}
4 df['Embarked']=df['Embarked'].map(e)
5 df.head()
```

	PassengerId	Name	Sex	Age	SibSp	Parch	Ticket	Fare	Embarked
0	1	Braund, Mr. Owen Harris	1	22.0	1	0	A/5 21171	7.2500	0
1	2	Cumings, Mrs. John Bradley (Florence Briggs Th...	0	38.0	1	0	PC 17599	71.2833	1
2	3	Heikkinen, Miss. Laina	0	26.0	0	0	STON/O2. 3101282	7.9250	0
3	4	Futrelle, Mrs. Jacques Heath (Lily May Peel)	0	35.0	1	0	113803	53.1000	0
4	5	Allen, Mr. William Henry	1	35.0	0	0	373450	8.0500	0

③ 探索性資料分析

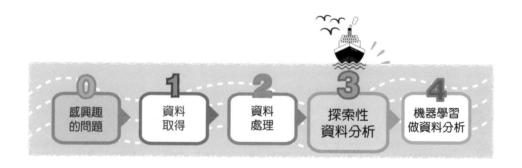

　　經過資料的前處理之後，接著我們試圖找出解答問題所需要的行資料。將資料進行探索性的分析，從繁雜的資料堆中理出一個方向，做為後續機器學習的參考。

觀察資料的分佈（統計）

此階段需要對每個行（欄）資料進行瞭解，想要快速觀察眾多紛雜資料的狀況，可以使用統計數據來加以解析，常見的統計數據有：最大值、最小值、平均、中位數、眾數、四分位數、標準差等。

本例中將聚焦在「Survived」（生還狀況）、「Pclass」（艙等）和「Sex」（性別）這三行資料來加以探討[註2]。

```
1 df.head()
```

生還狀況　艙等　　　　　　　　　性別

	PassengerId	Survived	Pclass	Name	Sex	Age	SibSp	Parch	Ticket
0	1	0	3	Braund, Mr. Owen Harris	1	22.0	1	0	A/5 21171
1	2	1	1	Cumings, Mrs. John Bradley (Florence Briggs Th...	0	38.0	1	0	PC 17599
2	3	1	3	Heikkinen, Miss. Laina	0	26.0	0	0	STON/O2. 3101282
3	4	1	1	Futrelle, Mrs. Jacques Heath (Lily May Peel)	0	35.0	1	0	113803
4	5	0	3	Allen, Mr. William Henry	1	35.0	0	0	373450

資料視覺化

有了統計數據之後，就比較容易找出異常的資料，這個步驟亦可以透過統計圖表來呈現，藉以提高資料的可讀性。接下來我們將從以下幾個面向來分析：

註2　此部份是要探討不同資料對接下來將介紹的機器學習是否有幫助，因為本書篇幅有限，所以只使用三行資料。

1. 全體乘客生還、死亡的比例

首先觀察生還的狀況，利用 value_counts() 函式計算「Survived」(生還狀況) 行資料，得知共有 549 人死亡、342 人生還，再呼叫 plot() 函式畫出圓餅圖顯示兩項的佔比。

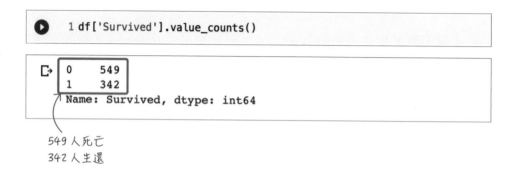

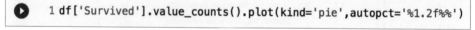

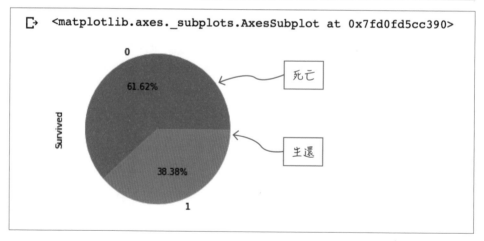

2. 男性、女性乘客的比例

觀察全體乘客男、女性的佔比，先透過 value_counts() 函式計算出男性有 577 人、女性有 314 人，再使用圓餅圖畫出兩者所佔的比例。

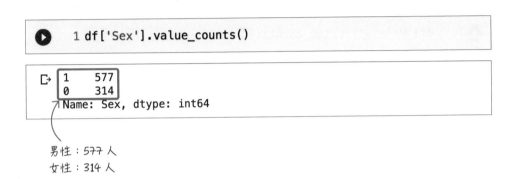

6

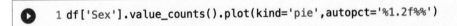

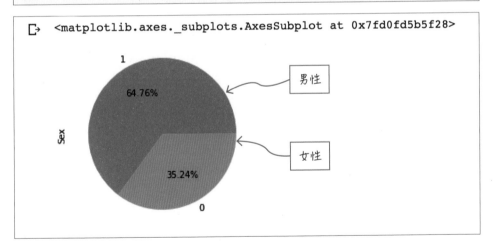

3. 搭 1 等艙、2 等艙、3 等艙的乘客比例

觀察搭乘各艙等的乘客人數和佔比，也是利用 value_counts() 及 plot() 函式計算並畫出圓餅圖。

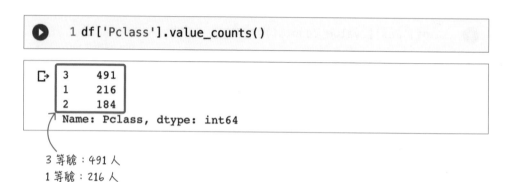

3 等艙：491 人
1 等艙：216 人
2 等艙：184 人

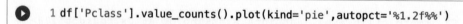

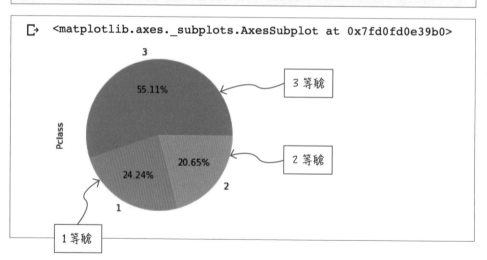

4. 進一步探討性別與生還的關係

經過上面幾個步驟的觀察，接著我們將深入了解性別與生還的關係。先運用 groupby() 函式依性別進行分組，再以 count() 函式計算男生、女生的生還和死亡人數，最後將結果繪製成「長條圖」，比較看看男、女生還和死亡的人數各是多少。

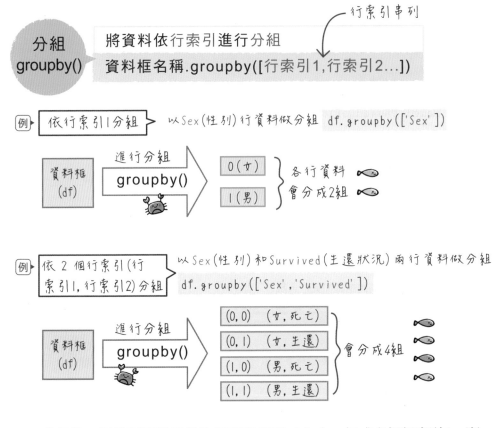

分組後，通常可再設另外的行索引串列 (內含一個或多個行索引)，配合使用 count()、sum()、mean() 等函式分別計算個數、總和、平均等。

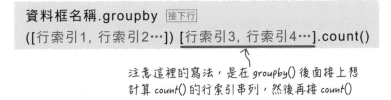

　　首先，分別計算「PassengerId」（乘客代號）行資料中 0（女）、1（男）兩組的個數。

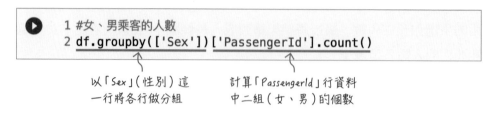

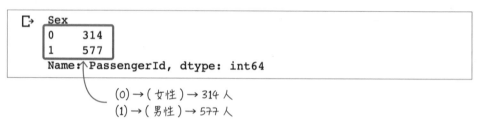

　　接著，計算以「Sex」（性別）和「Survived」（生還）分成 (0,0)、(0,1)、(1,0)、(1,1) 四組的個數，接著繪製成長條圖。

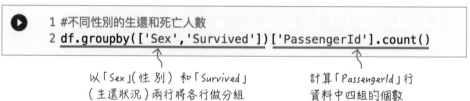

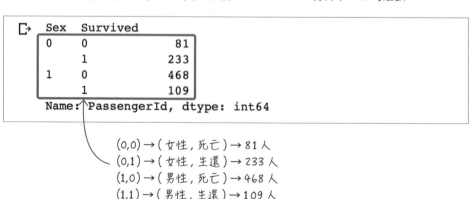

```
1 df.groupby(['Sex','Survived'])['PassengerId'].count().plot(kind='bar', rot=1)
```

繪製長條圖

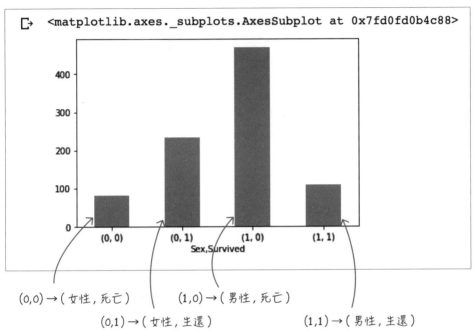

<matplotlib.axes._subplots.AxesSubplot at 0x7fd0fd0b4c88>

(0,0)→(女性 , 死亡)　　　(1,0)→(男性 , 死亡)

(0,1)→(女性 , 生還)　　　(1,1)→(男性 , 生還)

　　因為搭乘的男 (577)、女 (314) 人數原本就不一樣，所以應該要進一步參考不同性別的「生還狀況」(見底下 TIP)。從如下頁的長條圖中可以發現：「女性的生還狀況高於男性」，因此可推論「性別」(Sex) 將會是未來機器學習時蠻重要的「特徵值」。

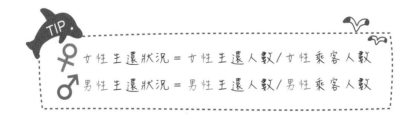

TIP

女性生還狀況 = 女性生還人數 / 女性乘客人數

男性生還狀況 = 男性生還人數 / 男性乘客人數

```
1 #不同性別生還人數/不同性別人數
2 ss = df.groupby(['Sex','Survived'])['PassengerId'].count() / 接下行
  df.groupby(['Sex'])['PassengerId'].count() * 100

3 ss
```

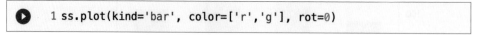

```
Sex  Survived
0    0           25.796178
     1           74.203822
1    0           81.109185
     1           18.890815
Name: PassengerId, dtype: float64
```

(0,0) → (女性, 死亡) → 26%
(0,1) → (女性, 生還) → 74%
(1,0) → (男性, 死亡) → 81%
(1,1) → (男性, 生還) → 19%

```
1 ss.plot(kind='bar', color=['r','g'], rot=0)
```

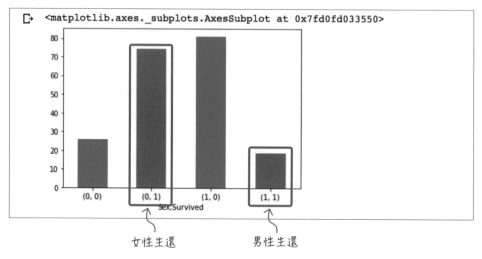

```
<matplotlib.axes._subplots.AxesSubplot at 0x7fd0fd033550>
```

女性生還　　　　　男性生還

5. 進一步探討艙等與生還的關係

　　接下來再了解艙等與生還的關係，依照上述的做法運用 groupby() 和 count() 函式計算三種艙等的生還和死亡人數，將結果使用長條圖來呈現，比較看看搭乘不同艙等生還和死亡的人數各是多少。

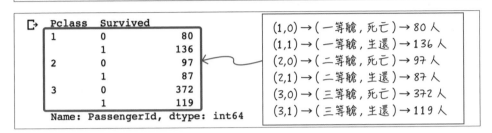

```
1 #三種艙等的生還和死亡人數
2 df.groupby(['Pclass','Survived'])['PassengerId'].count()
```

Pclass	Survived	
1	0	80
	1	136
2	0	97
	1	87
3	0	372
	1	119

Name: PassengerId, dtype: int64

(1,0)→（一等艙，死亡）→80 人
(1,1)→（一等艙，生還）→136 人
(2,0)→（二等艙，死亡）→97 人
(2,1)→（二等艙，生還）→87 人
(3,0)→（三等艙，死亡）→372 人
(3,1)→（三等艙，生還）→119 人

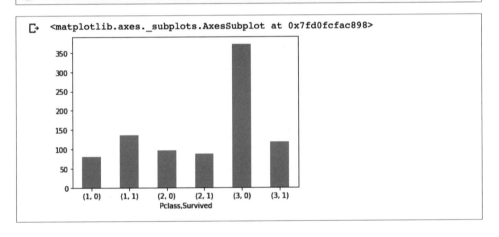

```
1 df.groupby(['Pclass','Survived'])['PassengerId'].count().plot(kind='bar', rot=0)
```

<matplotlib.axes._subplots.AxesSubplot at 0x7fd0fcfac898>

同理，因為搭乘不同艙等的人數原本就不一樣（如：一等艙 216 人、二等艙 184 人、三等艙 491 人），所以也應該由「不同艙等生還狀況」（見下頁 TIP) 來判斷是否生還的可能性。從下頁的長條圖可看出等級越高的艙等乘客生還比例越高，表示「艙等」也會是未來機器學習可以列入的「特徵值」。

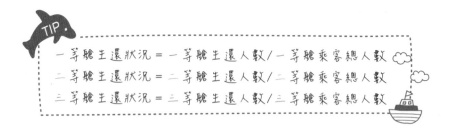

一等艙生還狀況 = 一等艙生還人數/一等艙乘客總人數
二等艙生還狀況 = 二等艙生還人數/二等艙乘客總人數
三等艙生還狀況 = 三等艙生還人數/三等艙乘客總人數

```python
1 #不同艙等生還人數/不同艙等人數
2 ps = df.groupby(['Pclass','Survived'])['PassengerId'].count() / 接下行
  df.groupby(['Pclass'])['PassengerId'].count()  * 100
3 ps
```

```
Pclass   Survived
1        0            37.037037
         1            62.962963
2        0            52.717391
         1            47.282609
3        0            75.763747
         1            24.236253
Name: PassengerId, dtype: float64
```

一等艙(1,1)：生還狀況約 63%
二等艙(2,1)：生還狀況約 47%
三等艙(3,1)：生還狀況約 24%

```python
1 ps.plot(kind='bar', rot=0)
```

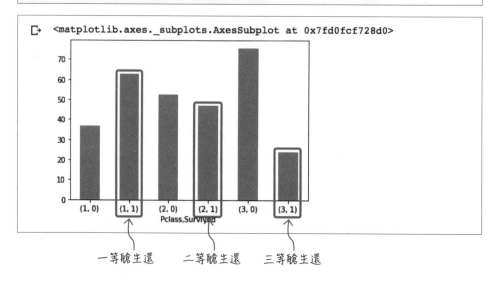

```
<matplotlib.axes._subplots.AxesSubplot at 0x7fd0fcf728d0>
```

一等艙生還　　二等艙生還　　三等艙生還

探索性資料分析 ❸　由資料間的關聯性找出重要「特徵」

如果從統計圖就能找到有效判斷能否生還的欄位，那就可以用這些欄位來做為機器學習的特徵值 [註3] (Feature)。

經由以上步驟的觀察，在鐵達尼號災難中，大部份的男性都死了（僅約 19% 存活），而女性則大都生還了下來（約 74%）。艙等的等級越高時，乘客的生還狀況也越高。由此可見「性別 (Sex)」和「艙等 (Pclass)」，都是在未來創建機器學習模型時很重要的特徵值。

想要用特徵值來判斷水果的種類？

蘋果5個　　芭樂5個　　楊桃5個

用「顏色」做特徵值，
蘋果、楊桃判斷正確，
芭樂則有1個被誤判！

用「形狀」做特徵值，
只有楊桃被正確判斷，
蘋果和芭樂各有2個被誤判！

真實款像＼預測分類	🍎	🥝	🍊
🍎	⑤	0	0
🥝	0	⑤	0
🍊	0	①	4

VS.

真實款像＼預測分類	🍎	🥝	🍊
🍎	3	0	②
🥝	0	⑤	0
🍊	②	0	3

想一想

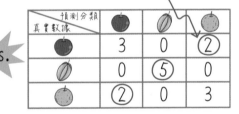

✔ 用不同的特徵值，會得到不同的結果，特徵值是不是很重要？

✔ 如果同時採用「顏色」和「形狀」做特徵值是不是會更好？

註3　特徵值 (Feature) 和標籤 (Label) 在機器學習領域中是非常基本而且重要的名詞，在本書稍後的章節中會有更詳細的介紹。

加廣
知識

一般搜集到的資料欄位大都具有多樣性，有的欄位對機器學習沒有作用、部分欄位存在著因果關係等，挖掘出其隱藏的意涵可以協助我們尋找到好的特徵值。下圖說明王小明的數學成績與其它三個科目成績之間的關聯性。

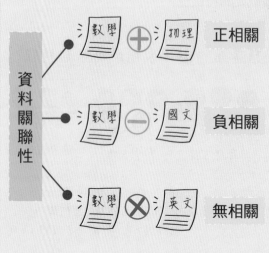

假設王小明的數學成績好，其物理成績也相對很好，那我們可以說：「數學和物理成績呈現正相關」

假設王小明的數學成績好，其國文成績就不好，那我們可以說：「數學和國文成績呈現負相關」

假設王小明的數學和英文成績之間不能做推論，那我們可以說：「數學和英文成績呈現無相關」

兩個資料之間的關聯性通常會使用 XY 散佈圖來呈現，可以更清楚看出二者是屬於哪一種類型的關聯性。

接下頁

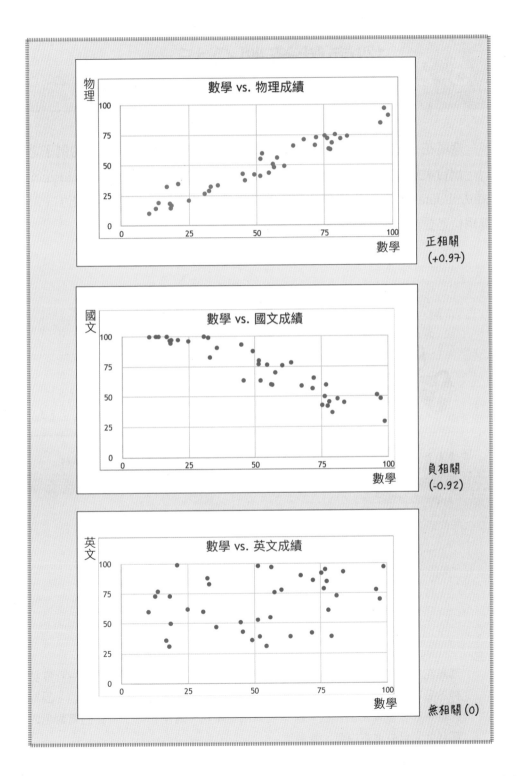

6-2　探索性資料分析 — 以 Iris 的花種分類為例

鳶尾花 (Iris)^{註4} 資料集是學習資料科學或機器學習最常用的例子之一，出自美國加州大學爾灣分校的機器學習資料庫 (http://archive.ics.uci.edu/ml/datasets/Iris)，資料的筆數為 150 筆，共有如下圖的 5 個欄位 (計算單位是公分)：

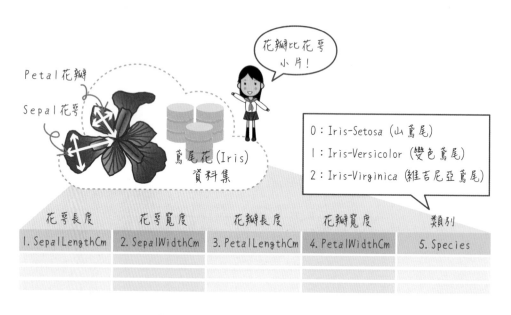

▲ 鳶尾花資料集中的 5 個欄位及包含的類別

註4　鳶尾花，學名是 Iris，源自於希臘語，意思是「彩虹」，是希臘神話中彩虹女神的名字。鳶尾花也是法國的國花，中文花名有時會用音譯「愛麗絲」，因為花瓣看起來像鳶鳥的尾巴，所以被稱為鳶尾花。鳶尾花除了常見的藍紫色的顏色外，另外也有白色、黃色等。

▲ 鳶尾花的三種類別：Setosa（山鳶尾 by Radomil, CC BY-SA 3.0），Versicolor（變色鳶尾 by Dlanglois, CC BY-SA 3.0)，和 Virginica（維吉尼亞鳶尾 by Frank Mayfield, CC BY-SA 2.0).
(from https://www.tensorflow.org/tutorials/customization/custom_training_walkthrough)

 資料科學 **0** 問個感興趣的問題

到戶外踏青時常看到一些奇花異草，許多款辨識植物的 App，對著花草樹木拍照後，就能查出植物名稱。到底這是怎麼做到的呢？

資料科學 ❶ 資料取得

資料取得 ❶ 自建資料或下載資料後，上傳到雲端硬碟

　　從 kaggle 網站 https://www.kaggle.com/uciml/iris，下載鳶尾花資料集「Iris.csv」，再將「Iris.csv」上傳到 Google 雲端硬碟。

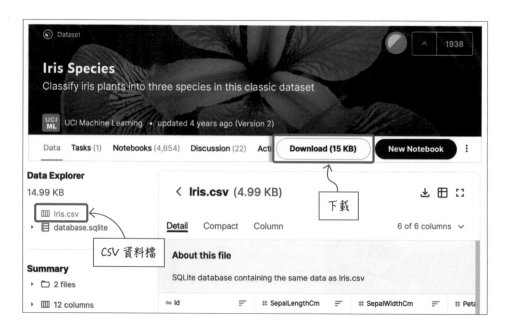

資料取得 ②③ 讀取 CSV 檔，將行列結構的資料建立為 Pandas 的資料框

首先讀取 Google 雲端硬碟的 CSV 檔案「Iris.csv」並轉成資料框型別，可看出資料共有 150 筆記錄（列資料），每筆記錄分別有 6 個行資料。先利用 drop() 函式刪除「Id」整欄的資料，保留其他 5 個欄位。

```
1 from google.colab import drive
2 drive.mount('/content/MyGoogleDrive')
3 import pandas as pd
4 df=pd.read_csv(i_filepath + 'Iris.csv')
5 df
```

讀取資料集

Drive already mounted at /content/MyGoogleDrive; to attempt to forcibly remount,

	Id	SepalLengthCm	SepalWidthCm	PetalLengthCm	PetalWidthCm	Species
0	1	5.1	3.5	1.4	0.2	Iris-setosa
1	2	4.9	3.0	1.4	0.2	Iris-setosa
2	3	4.7	3.2	1.3	0.2	Iris-setosa
3	4	4.6	3.1	1.5	0.2	Iris-setosa
4	5	5.0	3.6	1.4	0.2	Iris-setosa
...	...	...	...	...	...	...
145	146	6.7	3.0	5.2	2.3	Iris-virginica
146	147	6.3	2.5	5.0	1.9	Iris-virginica
147	148	6.5	3.0	5.2	2.0	Iris-virginica
148	149	6.2	3.4	5.4	2.3	Iris-virginica
149	150	5.9	3.0	5.1	1.8	Iris-virginica

150 rows × 6 columns

150 列 × 6 行

將「Id」整欄刪除

```
1 df=df.drop('Id', axis=1)
2 df.head()
```

	SepalLengthCm	SepalWidthCm	PetalLengthCm	PetalWidthCm	Species
0	5.1	3.5	1.4	0.2	Iris-setosa
1	4.9	3.0	1.4	0.2	Iris-setosa
2	4.7	3.2	1.3	0.2	Iris-setosa
3	4.6	3.1	1.5	0.2	Iris-setosa
4	5.0	3.6	1.4	0.2	Iris-setosa

資料科學 ❷ 資料處理

0 感興趣的問題　1 資料取得　2 資料處理　3 探索性資料分析　4 機器學習做資料分析

資料處理 ❶ 由列資料瞭解資料集

　　呼叫 head() 函式印出前 5 筆花的資料，從資料中可以看到第一朵 (列索引 0) 鳶尾花的資料如下：

```
1 df.head()
```

	SepalLengthCm	SepalWidthCm	PetalLengthCm	PetalWidthCm	Species
	花萼長度	花萼寬度	花瓣長度	花瓣寬度	類別
0	5.1	3.5	1.4	0.2	Iris-setosa
1	4.9	3.0	1.4	0.2	Iris-setosa
2	4.7	3.2	1.3	0.2	Iris-setosa
3	4.6	3.1	1.5	0.2	Iris-setosa
4	5.0	3.6	1.4	0.2	Iris-setosa

列索引

資料處理 ❷　瞭解行資料的標題與資料型別 (整數、浮點數、字串等)

呼叫 info() 函式查出各行 (欄) 的標題及資料型別。

```
1 df.info()
```

```
<class 'pandas.core.frame.DataFrame'>
RangeIndex: 150 entries, 0 to 149
Data columns (total 5 columns):
 #   Column         Non-Null Count   Dtype
---  ------         --------------   -----
 0   SepalLengthCm  150 non-null     float64
 1   SepalWidthCm   150 non-null     float64
 2   PetalLengthCm  150 non-null     float64
 3   PetalWidthCm   150 non-null     float64
 4   Species        150 non-null     object
dtypes: float64(4), object(1)
memory usage: 6.0+ KB
```

行標題　　　　　　　　　　　各行的資料型別

資料清理

缺失值的補值或刪除

太多的缺失值容易影響資料分析時的完整性和準確性，我們來檢查看看。從上一步驟的 info() 函式得知資料共 150 筆，並且每一行（欄）都有 150 個元素值，因此沒有缺失值的問題。

```
1 df.info()
```

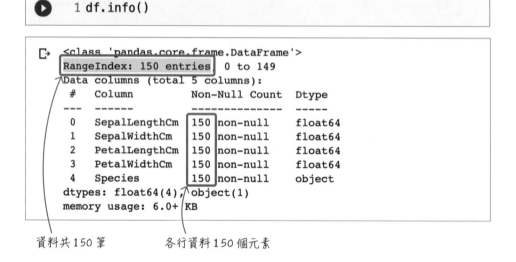

資料共 150 筆　　　各行資料 150 個元素

刪除重複值或異常值

刪除重複值是為了保留能識別的唯一鍵值，而異常值則通常指的是處於特定分佈區域或範圍之外的資料。

呼叫 duplicated() 函式發現：列索引編號 34、37、142 和其他的列重複，利用 drop_duplicates() 函式將這三筆重複的記錄刪除。完成後，呼叫 reset_index() 函式將列索引重新編號，以免產生編號缺漏的問題。

```
1 df[df.duplicated()]
```

	SepalLengthCm	SepalWidthCm	PetalLengthCm	PetalWidthCm	Species
34	4.9	3.1	1.5	0.1	Iris-setosa
37	4.9	3.1	1.5	0.1	Iris-setosa
142	5.8	2.7	5.1	1.9	Iris-virginica

重複列資料

```
1 df = df.drop_duplicates()
2 df[df.duplicated()]
```

刪除重複資料後再檢查一次

SepalLengthCm	SepalWidthCm	PetalLengthCm	PetalWidthCm	Species

```
1 df.reset_index(drop=True)
```

將列索引重新編號

	SepalLengthCm	SepalWidthCm	PetalLengthCm	PetalWidthCm	Species
0	5.1	3.5	1.4	0.2	Iris-setosa
1	4.9	3.0	1.4	0.2	Iris-setosa
2	4.7	3.2	1.3	0.2	Iris-setosa
3	4.6	3.1	1.5	0.2	Iris-setosa
4	5.0	3.6	1.4	0.2	Iris-setosa
...	...	...	...	...	...

重新編號列索引

資料轉換

　　由於接下來資料視覺化（繪製散佈圖）的需要，因此呼叫 map() 函式將 Species(類別) 欄位中的文字轉換成數值。

● Iris-setosa（山鳶尾花）：轉換成「0」。

● Iris-versicolor（變色鳶尾花）：轉換成「1」。

● Iris-virginica（維吉尼亞鳶尾花）：轉換成「2」。

```
1  s = {'Iris-setosa':0, 'Iris-versicolor':1, 'Iris-virginica':2 }
2  df['Species']=df['Species'].map(s)
3  df.head()
```

類別名稱「Iris-setosa」換成「0」

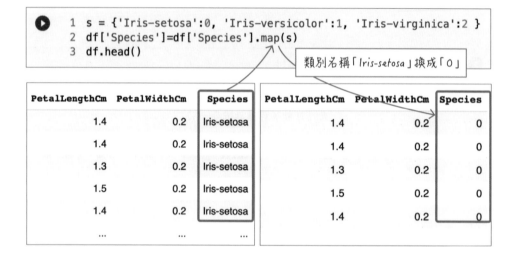

PetalLengthCm	PetalWidthCm	Species
1.4	0.2	Iris-setosa
1.4	0.2	Iris-setosa
1.3	0.2	Iris-setosa
1.5	0.2	Iris-setosa
1.4	0.2	Iris-setosa
...	...	...

PetalLengthCm	PetalWidthCm	Species
1.4	0.2	0
1.4	0.2	0
1.3	0.2	0
1.5	0.2	0
1.4	0.2	0

資料
科學
❸ 探索性資料分析

0 感興趣的問題 → 1 資料取得 → 2 資料處理 → 3 探索性資料分析 → 4 機器學習做資料分析

❶　觀察資料的分佈 (統計)

　　觀察 df 資料框的內容並無特別明顯的欄位可以用來判斷鳶尾花的種類，因此改採將資料視覺化後再查看各欄位的效用如何。

```
1 df.head()
```

	SepalLengthCm	SepalWidthCm	PetalLengthCm	PetalWidthCm	Species
0	5.1	3.5	1.4	0.2	0
1	4.9	3.0	1.4	0.2	0
2	4.7	3.2	1.3	0.2	0
3	4.6	3.1	1.5	0.2	0
4	5.0	3.6	1.4	0.2	0

❷　資料視覺化

　　我們可以利用「散佈圖」來查看兩個欄位之間的關聯性，將不同欄位值給予不一樣的顏色，可以更清楚分辨其中的差別。

01　呼叫 map() 函式在 df 資料框中新增鳶尾花「類別 (Species)」對應的新欄位「colors (顏色)」。

- Iris-setosa (山鳶尾花)：0 →「r (紅)」。

- Iris-versicolor (變色鳶尾花)：1 → 「g (綠)」。

- Iris-virginica (維吉尼亞鳶尾花)：2 → 「b (藍)」。

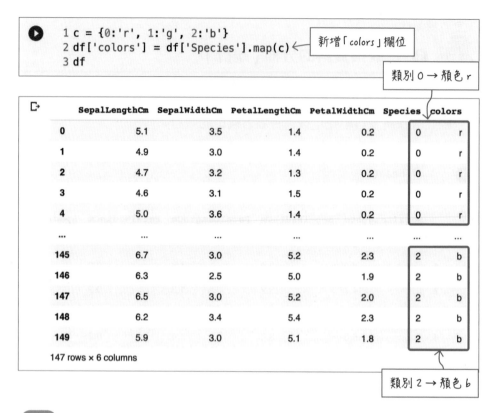

```
1 c = {0:'r', 1:'g', 2:'b'}
2 df['colors'] = df['Species'].map(c)
3 df
```

新增「colors」欄位

類別 0 → 顏色 r

	SepalLengthCm	SepalWidthCm	PetalLengthCm	PetalWidthCm	Species	colors
0	5.1	3.5	1.4	0.2	0	r
1	4.9	3.0	1.4	0.2	0	r
2	4.7	3.2	1.3	0.2	0	r
3	4.6	3.1	1.5	0.2	0	r
4	5.0	3.6	1.4	0.2	0	r
...	...	...	...	...	...	...
145	6.7	3.0	5.2	2.3	2	b
146	6.3	2.5	5.0	1.9	2	b
147	6.5	3.0	5.2	2.0	2	b
148	6.2	3.4	5.4	2.3	2	b
149	5.9	3.0	5.1	1.8	2	b

147 rows × 6 columns

類別 2 → 顏色 b

02 呼叫 plot() 函式繪製散佈圖。

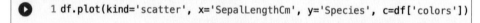

```
1 df.plot(kind='scatter', x='SepalLengthCm', y='Species', c=df['colors'])
```

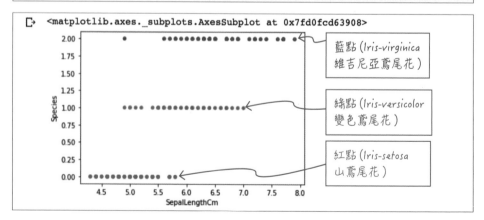

<matplotlib.axes._subplots.AxesSubplot at 0x7fd0fcd63908>

藍點 (Iris-virginica
維吉尼亞鳶尾花)

綠點 (Iris-versicolor
變色鳶尾花)

紅點 (Iris-setosa
山鳶尾花)

　　首先思考「是否使用單一個欄位就可以判別花的種類？」將 SepalLengthCm（花萼長度）、SepalWidthCm（花萼寬度）、PetalLengthCm（花瓣長度）、PetalWidthCm（花瓣寬度）等 4 個欄位，分別和類別 (Species) 進行散佈圖的繪製，得到如下圖的四種情形。

```
1 #(a)花萼長度
2 df.plot(kind='scatter', x='SepalLengthCm', y='Species', c=df['colors'])
```

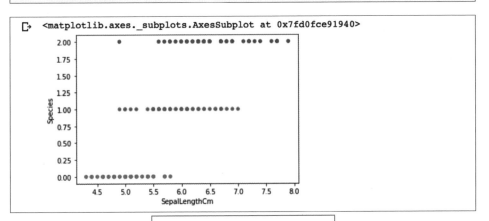

(a) 根據 SepalLengthCm 花萼長度

```
1 #(b)花萼寬度
2 df.plot(kind='scatter', x='SepalWidthCm', y='Species', c=df['colors'])
```

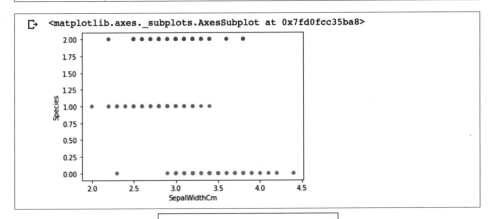

(b) 根據 SepalWidthCm 花萼寬度

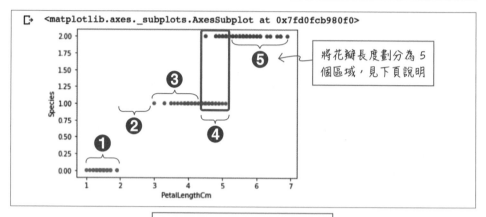

(c) 根據 PetalLengthCm 花瓣長度

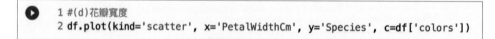

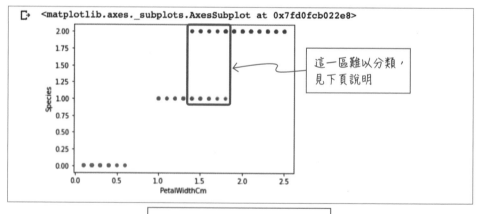

(d) 根據 PetalLWidthCm 花瓣寬度

▲ 不同欄位和「類別 (Species)」所繪製的散佈圖

　　接下來以前圖 (c) 為例做說明，圖中使用不同顏色繪製 Iris 資料集中花瓣長度所對應的類別。

如果把花瓣長度劃分成 5 個區域，觀察結果歸納成如下表所示：

▼ 花瓣長度和對應的類別

區域	長度 (cm)	紅 (r)	綠 (g)	藍 (b)	類別
❶	1~2	✔	✘	✘	Iris-setosa
❷	2~3	✘	✘	✘	都不是
❸	3~4.5	✘	✔	✘	Iris-versicolor
❹	4.5~5.5	✘	✔	✔	Iris-versicolor 或者是 Iris-virginica？無法判別
❺	5.5~7	✘	✘	✔	Iris-virginica

　　由上表可以看出：當花瓣長度為 5 公分時會落在區域 ❹ 的範圍，綠點 (Iris-versicolor 變色鳶尾花) 和藍點 (Iris-virginica 維吉尼亞鳶尾花) 產生了重疊的現象，表示有可能是「Iris-versicolor」或者「Iris-virginica」。因此無法正確區分它到底是屬於哪一種類別，也就是說單單使用「花瓣的長度」並無法完全區分出三種鳶尾花。

　　同理，在利用花瓣寬度判別類別的前圖 (d) 中，當花瓣寬度約為 1.3～1.8 公分時，也是落在無法分類綠點 (Iris-versicolor 變色鳶尾花) 或藍點 (Iris-virginica 維吉尼亞鳶尾花) 的線框內。

　　綜合前圖 (a)~(d) 的 4 種狀況可以發現，如果只是使用花萼、花瓣的長度或寬度其中一項資料時，都無法拿來做為有效區分三種鳶尾花類別的「特徵 (Feature)」。

　　那麼，如果改採「2 個欄位的組合」是否可以判別鳶尾花的種類呢？馬上來實作看看結果將會是如何。接下來將 4 個欄位兩兩做出它們的散佈圖，完成後得到如下圖的 6 種情形。

```
1 #(a)花萼長度 vs. 花萼寬度
2 df.plot(kind='scatter', x='SepalLengthCm',y='SepalWidthCm',c=df['colors']
```

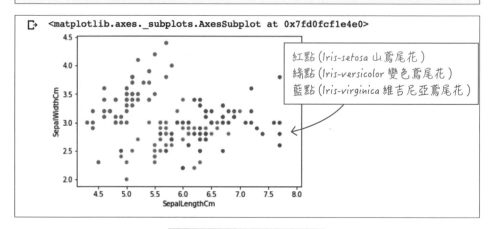

紅點 (Iris-setosa 山鳶尾花)
綠點 (Iris-versicolor 變色鳶尾花)
藍點 (Iris-virginica 維吉尼亞鳶尾花)

(a) 花萼長度 vs. 花萼寬度

```
1 #(b)花瓣長度 vs. 花瓣寬度
2 df.plot(kind='scatter', x='PetalLengthCm',y='PetalWidthCm',c=df['colors'])
```

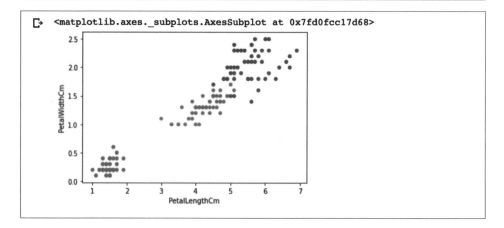

(b) 花瓣長度 vs. 花瓣寬度

```
1 #(c)花萼長度 vs. 花瓣寬度
2 df.plot(kind='scatter', x='SepalLengthCm',y='PetalWidthCm',c=df['colors'])
```

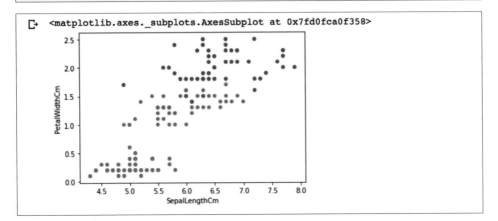

(c) 花萼長度 vs. 花瓣寬度

6

```
1 #(d)花瓣長度 vs. 花萼寬度
2 df.plot(kind='scatter', x='PetalLengthCm',y='SepalWidthCm',c=df['colors'])
```

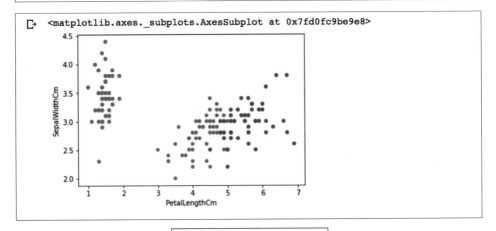

(d) 花瓣長度 vs. 花萼寬度

```
1 #(e)花萼長度 vs. 花瓣長度
2 df.plot(kind='scatter', x='SepalLengthCm',y='PetalLengthCm',c=df['colors'])
```

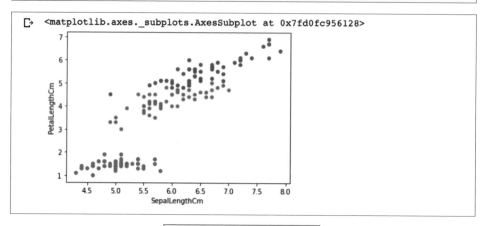

<matplotlib.axes._subplots.AxesSubplot at 0x7fd0fc956128>

(e) 花萼長度 vs. 花瓣長度

```
1 #(f)花萼寬度 vs. 花瓣寬度
2 df.plot(kind='scatter', x='SepalWidthCm',y='PetalWidthCm',c=df['colors'])
```

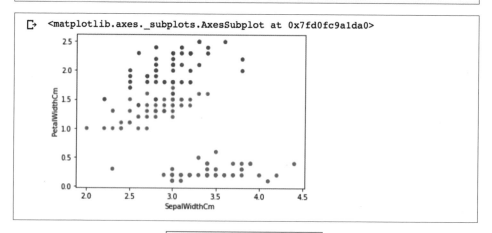

<matplotlib.axes._subplots.AxesSubplot at 0x7fd0fc9a1da0>

(f) 花萼寬度 vs. 花瓣寬度

▲ 2 個欄位組合所繪製的散佈圖

　　從結果來看，以上 6 種圖形雖然可以有效區分出紅點 (Iris-setosa 山鳶尾花) 的種類，但是綠點 (Iris-versicolor 變色鳶尾花) 和藍點 (Iris-virginica 維吉尼亞鳶尾花) 仍然會有模糊的地帶，所以使用 2 個欄位同樣也無法完整地判別鳶尾花的種類。

❸　由資料間的關聯性找出重要「特徵」

　　如果單從統計圖就能觀察到有效區分種類的欄位，那就可以用這些欄位來做為機器學習的特徵值 (Feature)。不過經由以上的步驟，我們了解到單一個欄位、或單兩個欄位都無法完整判別花的種類，也就是說資料集中的 4 個欄位都和種類具有重要的關聯性，都是在未來創建機器學習模型時重要的特徵值。

本章學習操演（一）

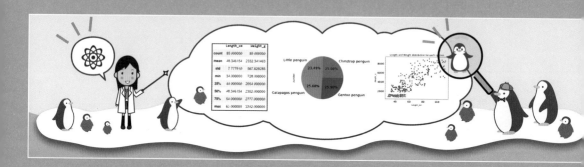

Alice 一早在南極大地從夢中起來，看著昨日傳給台灣朋友可愛企鵝寶寶奔跑的照片，「太萌了吧！」朋友在 LINE 群組中傳來羨慕的訊息！她打算利用休息時間，好好和小 P 進一步探索分析一下企鵝資料集。

 演練內容

1. 資料取得：讀取企鵝資料集（penguin.csv）並轉換為資料框，檢視其中共有多少資料筆數，以及所包含的欄位名稱和內容。

    提示 相關操作可參閱第 4 章。

2. 資料處理：

    (1) 檢查並刪除重複的資料列，刪除後將列索引重新編號。

    (2) 將 Length_cm（身長）和 Weight_g（重量）有缺失值的資料格都用該企鵝品種（Species）的平均值來補值。

(3) 將企鵝品種 (Species) 的字串資料轉換成數值，Chinstrap penguin（南極企鵝）→ 0、Little penguin（小藍企鵝）→ 1、Galapagos penguin（加拉帕戈斯企鵝）→ 2、Gentoo penguin（巴布亞企鵝）→ 3。

3. 探索性資料分析：

(1) 觀察各企鵝品種 (Species) 的身長 (Length_cm) 和重 (Weight_g) 的統計數據資料。

(2) 以散佈圖分別繪製各品種的身長及重量的分佈情形，分析一下是否可以從單一特徵值（如：身長或重量）辨識出企鵝的品種。若無法正確辨識，可能會是什麼原因呢？

(3) 使用散佈圖繪製各品種身長及重量的分佈情形，分析是否可由散佈圖辨識出各企鵝的品種。

4. 儲存結果：程式碼 Penguin06.ipynb，企鵝資料檔 Penguin06.csv。

🐧 參考結果

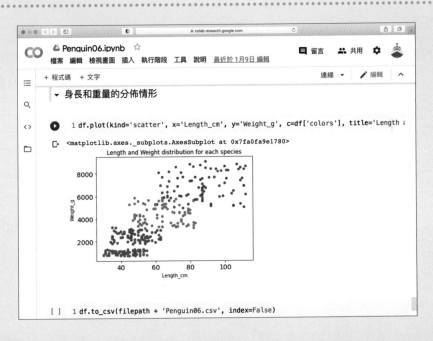

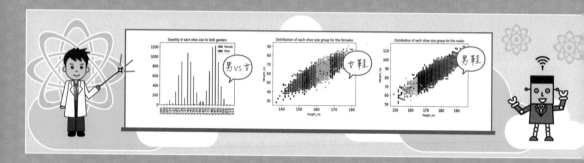

本章學習操演（二）

Bob 最近常和國外的伙伴們利用視訊進行研討會議，這天他覺得靈感特別的好，決定針對男、女生穿鞋尺寸的資料集 (ShoeSize.csv) 做進一步探索分析，並準備於下次會議時提出討論。

演練內容

1. 資料取得：讀取男、女生穿鞋尺寸的資料集 (ShoeSize.csv) 並轉換為資料框，檢視其中共有多少資料筆數，以及所包含的欄位名稱和內容。

2. 資料處理：

    (1) 檢查並刪除重複的資料列，刪除後將列索引重新編號。

    (2) 將 Height_cm（身高）缺失值的部份使用具有相同的 Gender（性別）、Weight_kg（體重）和 Shoe size_cm 資料列的平均身高來補值。Weight_kg 缺失值的部份用相同的 Gender、Height_cm 和 Shoe size_cm 資料列的平均體重來補值。

    (3) Shoe size_cm（鞋的尺寸）的缺失值不予補值，直接刪除。

(4) 重新編號列索引。

(5) 將 Gender 的字串資料轉換成數值，Female → 0、Male → 1。Shoe size_cm 的 float（浮點數）轉換成 int（整數）。

(6) 新增 BMI 欄位，計算公式為 BMI= 體重（公斤）/ 身高 ^{2}（公尺 ^{2}）。相同身高但體重標準、過輕、過胖的人，他們穿的鞋子尺寸不一定會相同。

3. 探索性資料分析：

(1) 觀察不同尺寸鞋款中男、女生的 Height_cm（身高）、Weight_kg（體重）和 BMI 的統計數據資料。

(2) 以鞋款尺寸來分類，計算其中所包含男、女生的人數，並且以「長條圖」來表示。

(3) 以散佈圖分別繪製男、女生鞋的尺寸 (Shoe size_cm) 與 Height_cm（身高）、Weight_kg（體重）和 BMI 的分佈情形，分析一下是否可以從單一特徵值 (如：身高、體重和 BMI) 找到適合的鞋子尺寸。若無法正確找到，可能會是什麼原因呢？

4. 儲存結果：程式碼 Shoes06.ipynb，鞋尺寸資料檔 Shoes06.csv。

參考結果

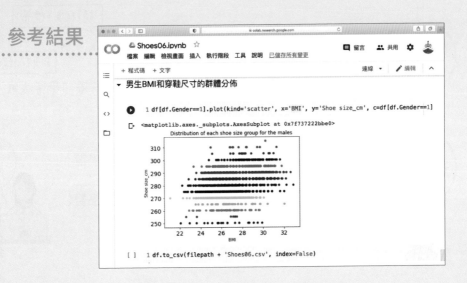

機器學習

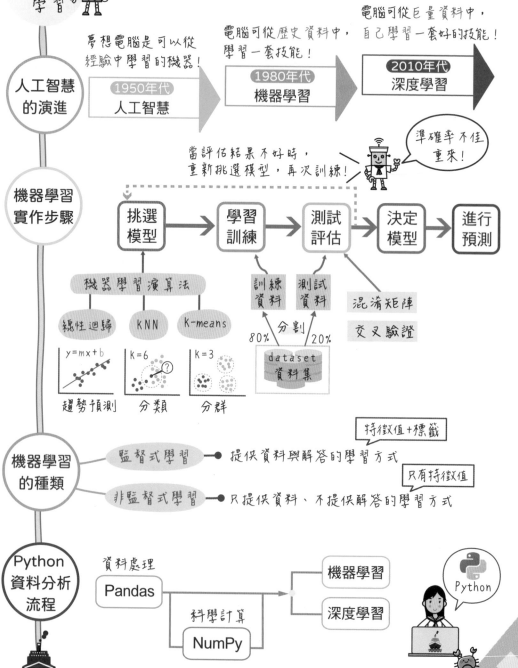

人工智慧的演進

夢想電腦是可以從經驗中學習的機器！

1950年代
人工智慧

電腦可從歷史資料中，學習一套技能！

1980年代
機器學習

電腦可從巨量資料中，自己學習一套好的技能！

2010年代
深度學習

機器學習實作步驟

當評估結果不好時，重新挑選模型，再次訓練！

準確率不佳
重來！

挑選模型 → 學習訓練 → 測試評估 → 決定模型 → 進行預測

機器學習演算法

線性迴歸　KNN　K-means

$y=mx+b$　k=6　k=3

趨勢預測　分類　分群

訓練資料　測試資料

混淆矩陣
交叉驗證

80% 分割 20%

dataset
資料集

機器學習的種類

監督式學習 ● 提供資料與解答的學習方式

特徵值+標籤

非監督式學習 ● 只提供資料、不提供解答的學習方式

只有特徵值

Python資料分析流程

資料處理
Pandas

科學計算
NumPy

機器學習
深度學習

Python

第7章

資料科學 Level UP！
認識機器學習演算法

一批批的電腦科學家在過去 60 年間不斷投入大量心力研發人工智慧 (Artifical Intelligence, AI)，如今，機器學習已經被廣泛應用在如人工智慧、大數據分析等不同的領域。正如 30 年前，資料處理是當時值得學習的基本能力，而資料分析 (如利用機器學習技術) 則將會是現在及未來不可或缺的技能。

7-1 機器學習的概念

　　機器學習就是使用電腦將大量而又紛雜的原始資料，透過資料科學的分析技巧找出其中所隱藏的資訊。並且讓電腦從這些資料中找出其變動模式，進行學習判斷或是預測。

 7-1-1 人工智慧的演進

　　人工智慧領域中大家很常聽到「機器學習」、「深度學習」這些名詞，究竟它們之間有何關聯呢？下圖就可用來說明人工智慧的內涵與演進。

● 人工智慧 (Artificial Intelligence, AI)：

　　是一個期待的目標，而不是具體的方法。例如：期望電腦或機器能夠完成具有人類智慧才能達成的事情。

● 機器學習 (Machine Learning, ML)：

　　用來實踐人工智慧的演算法。簡單來說，就是讓機器能自動學習，從人工給予的資料中找到規則，進而擁有預測、分類等能力。

● 深度學習 (Deep Learning, DL)：

　　機器學習的一個分支，主要是用來訓練能力更強的模型，使機器的學習效果能更好，提高準確度。

人工智慧的演進

1950年代
人工智慧

夢想
電腦是可從經驗
中學習的機器

人類能輕易辨識貓，
但是不知如何訓練電
腦學習辨識貓。

1980年代
機器學習

電腦可從歷史
資料中，學習
一套技能！

人類用貓的特徵值來
訓練電腦學習辨識貓，
但是辨識率不佳。

7

2010年代
深度學習

電腦可從巨量資料
中，自己學習一套
好的技能！

引用大量資料來訓練
電腦提升學習效果，
使得辨識率達到人類
的水準。

▲ 人工智慧內涵與演進

7-1-2　什麼是機器學習

電腦科學家引用數學上的機率學、統計學等知識，企圖透過人類給予的資料進行「訓練」，也就是讓電腦自行學會一套技能或規則，訓練完成後會產生「模型 (Model)」，這個過程就稱為「機器學習」，如下圖 (a) 所示。

我們可以把模型想成是 $y = f(x)$ ，這個方程式通常很複雜，但是只要代入 x，就能得到 y。例如：輸入一張貓（ x ）的照片到模型 $f(x)$ 中，模型會輸出（識別）這是「貓」的答案（ y ），如下圖 (b) 所示。

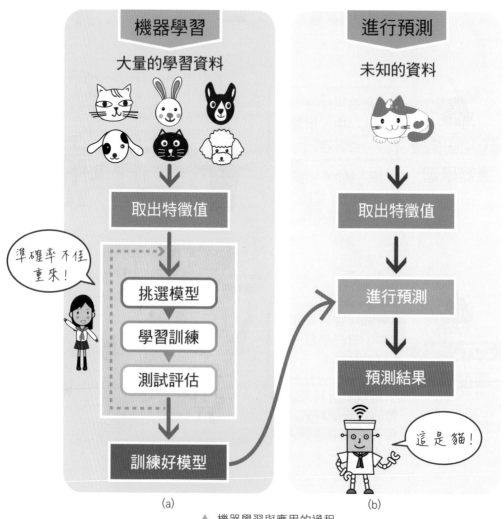

(a)　　　　　　　　　　(b)

▲ 機器學習與應用的過程

　　機器學習的「學習」是什麼意思呢？舉個簡單的例子：假設我們的模型長得就是「$y = m \times x + b$」，打算用一條直線表示對貓狗做分類，概念如下圖所示：

輸出＝斜率 × 輸入＋截距

思考以「體型大小」及「與人親近的程度」來區別貓與狗

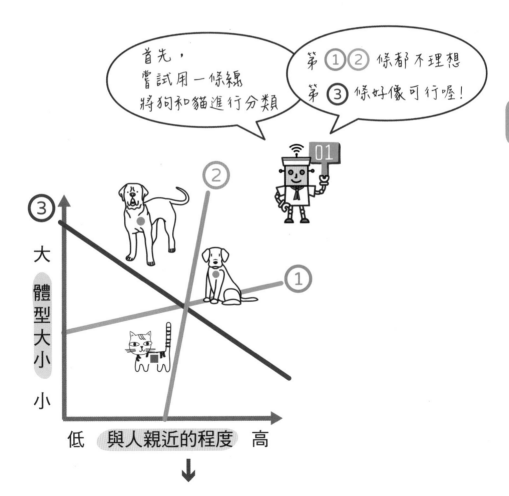

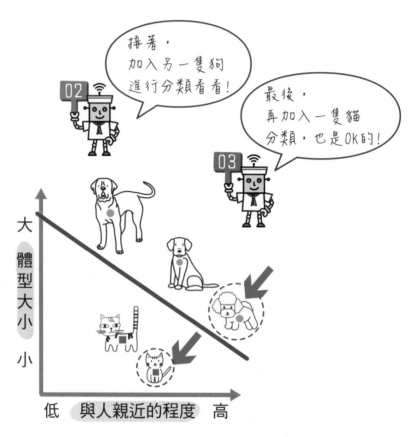

▲ 機器學習的概念：以一條直線區別貓與狗

　　一開始，我們並不知道模型的 m 和 b 的值應該選多少才好，需要經過多次的嘗試，透過修改斜率 m 及截距 b 來改變直線，再經過「測試」(Test) 與「評估」(Evaluation)。整個過程就是一次的「學習」，也就是「訓練」。像初生的嬰兒一樣，需要一次又一次累積經驗及能力之後，才有辦法順利的解決問題。

　　重複的學習（訓練）就能找到更好的 m 及 b 值，一旦決定 m 和 b 的值之後，模型就完成訓練，未來有新資料 x 時，我們就可以輸入到模型中，輸出預測結果 y。

7-1-3　機器學習的實作步驟

　　機器學習通常負責進階的資料分析任務，也就是在前一章的探索性資料分析之後，進行推估的分析。學習的過程包含挑選模型、學習訓練、測試評估等步驟，如下圖所示。

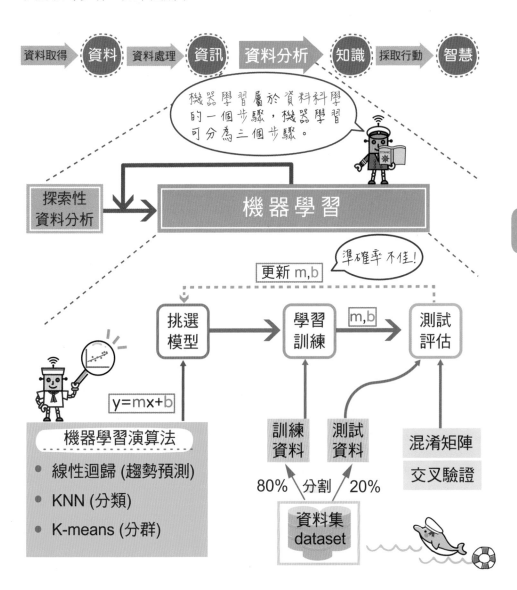

在實作演練上，我們把機器學習細分成如下圖的挑選模型、學習訓練、測試評估及決定模型，然後再進行預測。

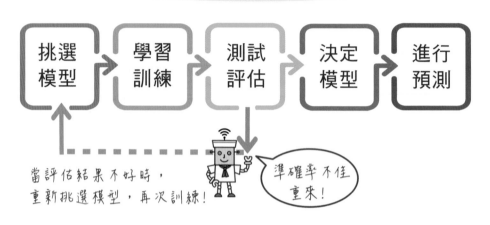

▲ 機器學習的實作步驟

 挑選模型

首先問個感興趣的問題，再根據問題類型來挑選模型。例如：以下三個問題應該採用不同的模型。

● 問題 A：飲料店老闆能不能以氣溫預測當天冰品的銷售量？

● 問題 B：如果時光倒流，我也搭上當年的鐵達尼號，我會不會是僥倖存活下來的人之一呢？

● 問題 C：在公園內撿到許多枯葉，能不能分析出它們屬於「幾種」植物呢？

學習訓練

由取得的「訓練用資料」中取出特徵值 (Features) 及標籤 (Label)，交給模型做為訓練之用，這裡的標籤是指問題的解答。如下表就是上述 3 個問題的特徵值及標籤。

▼ 問題的特徵值及標籤

	特徵值	標籤
問題 A	氣溫	實際銷售量
問題 B	性別 年齡 艙等	實際是生或死
問題 C	葉長 葉寬	無

所謂的「訓練」就好像平時研讀考古題，機器學習用的資料集通常會分為兩堆，一堆稱為「訓練用資料 (Training Data)」（如：用考古題來做為學習教材），另一堆稱為「測試用資料 (Test Data)」（如：做為模擬考試卷用來檢測學習成果）。通常前者資料量會佔 80%，而後者則佔 20%。

 測試評估

由取得的「測試用資料」中取出特徵值及標籤，交給模型做為測試評估之用，如果準確性不佳，則再重複學習訓練的步驟。就好像當模擬考試考得不理想時，就回頭重新再學習一次。

如何評估測試結果的優劣呢？主要是靠準確度 (Accurancy)，也就是比較測試結果與真正標籤 (解答) 的差距。常見的評估工具 註 1 有混淆矩陣 (Confusion Matrix) 和交叉驗證 (Cross Validation)。

 ## 決定模型

沒有學習過的模型就像是學齡前的幼童，缺少足夠的經驗和能力。通過測試評估之後，確定模型的準確性在可被接受的範圍時，模型才能算是建立完成，並且可以拿來使用。

 ## 進行預測

此階段開始正式上場實戰，輸入新的資料給模型，模型會輸出預測的答案。需要注意的是，重複輸入相同的資料，通常輸出的預測答案會相同，但也是會有例外，畢竟機器學習的準確率並不是百分百 註 2 。

 ## 7-1-4 監督式與非監督式學習

簡單來說，提供資料與解答的學習方式稱為監督式學習 (Supervised Learning)；只提供資料、不提供解答的學習方式則稱為非監督式學習 (Unsupervised Learning)，如下圖所示。

註1　細節請參閱第 9 章。

註2　往往達到 80% 到 90% 以上的準確率就視為可接受。

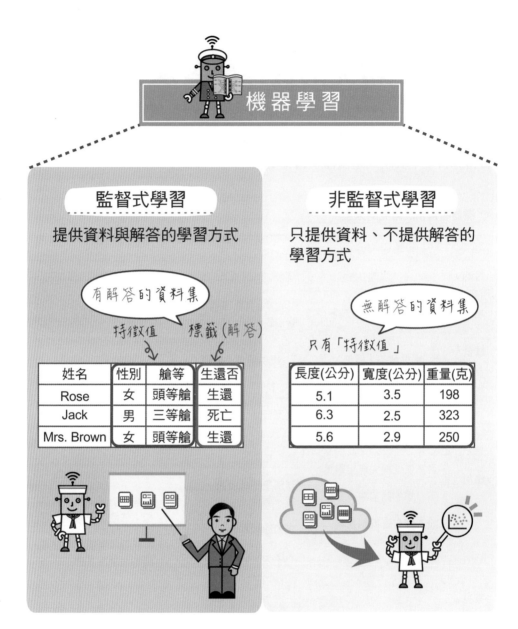

▲　監督式學習與非監督式學習

7-2　常見的機器學習演算法

　　資料分析是資料科學領域中最核心的工作，目前常用機器學習來進行資料分析。下表所列是機器學習領域常見的三種類型。

▼ **機器學習領域常見的類型**

類型	線性迴歸分析	分類	分群
目的	趨勢預測分析	類別或等級的識別	類別或等級的區別
功能	連續值，預測數值為多少	非連續，負責識別出哪一種	非連續，負責區別出有幾群
學習方式	提供解答（標籤）	提供解答（標籤）	沒有解答（標籤）
應用	• 下次考試成績會得幾分 • 最高氣溫預測冰品銷售量 • 最高氣溫與尖峰用電量 • 下一季的銷售額有多少 • 投入廣告費與銷售額	• 哪一個品種：依花的長寬分類 • 鐵達尼號船難者是否生還：依性別及艙等分類 • 判別是不是垃圾電子郵件 • 貓狗的識別 • 人臉、車牌等識別	• 班上同學分為跑得快跟跑得慢：依百米賽跑的秒數及身體的體脂肪率 • 哪些植物屬於相同的品種：依花的長寬分群 • 哪些動物屬於相同的品種：依體重及身長分群 • 哪些觀眾喜歡同一種類型的音樂或電影
常見的演算法	線性迴歸 複迴歸分析	KNN 決策樹 隨機森林 支援向量機	K-means

7-2-1 線性迴歸

日常生活中有許多情況透過觀察後，可以歸納出其中的發展趨勢，再依此做趨勢分析，對後續可能的結果做更進一步的預測。例如：由明天的氣溫可以推測熱珍奶的銷售量、由產品廣告時數推測可能的銷售量等。

趨勢預測可以使用統計學工具中的「迴歸分析」(Regression Analysis)，本書將介紹其中最簡單的線性迴歸 (Linear Regression)。線性迴歸乍聽之下很困難，其實只是在座標上畫出一條直線，而這條直線可以代表資料點的變化趨勢。

在下圖中，把線性迴歸模型想像成黑盒子，既使不知道它的內部如何運作，但是只要輸入氣溫，它就能輸出預測的銷售量。

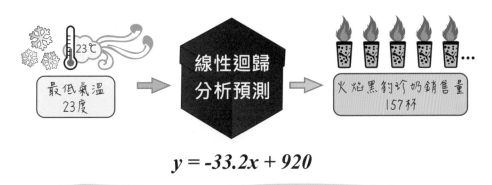

$$y = -33.2x + 920$$

當氣溫為23°C（即 x = 23）時，
火焰黑豹珍奶銷售量 y = -33.2 × 23 + 920 = 156.4（約157杯）

▲ 線性迴歸模型的應用

試算表軟體中也有提供線性迴歸的功能，如下圖利用冬季連續 20 天的氣溫及火焰黑豹珍奶銷售量計算得到「$y = -33.2 \times x + 920$」的趨勢線。以此線就可預測出當氣溫為 23°C（即 $x=23$ 時），火焰黑豹珍奶銷售量 $y = -33.2 \times 23 + 920 = 156.4$，約為 157 杯。

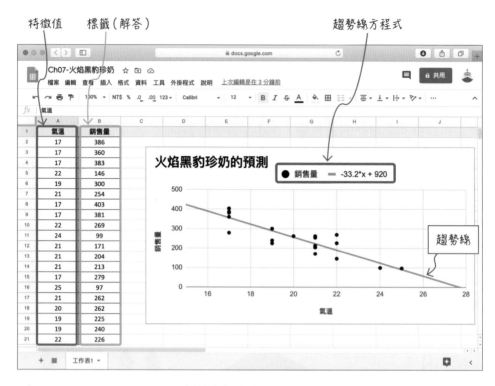

▲ 試算表軟體的線性迴歸功能

7-2-2　K- 最近鄰居法 (KNN) 做分類

分類 (Classification) 就是把資料分成很多由我們事先定義好的種類，例如：想分辨一張照片是貓或者是狗，最後的答案只能是這二種之中的其中一種。在這個例子裡，貓和狗就稱為標籤 (Label)，是我們在資料集中事先定義好的類型。

K- 最近鄰居法 (K Nearest Neighbor, KNN) 是分類常用的演算法，顧名思義就是找「最近的 K 個鄰居」。KNN 分類演算法運作的目標在於找出最鄰近的 K 個點，並透過「多數決」的方式決定該點屬於哪一類。如下圖就是利用 KNN 模型來分類、識別鳶尾花的類別。

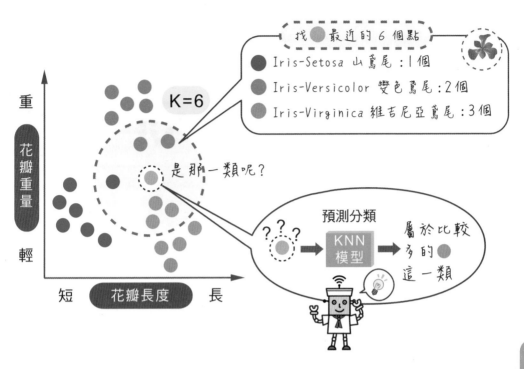

▲ 利用 KNN 模型分類及識別鳶尾花的類別

　　當輸入一筆新的資料時，依據 KNN 去找離它最近的 K 個點，先看看這些點是什麼類別。例如：我們找最近的 5 個鄰居 (K=5)，發現有 3 個是貓、2 個是狗，那麼 KNN 就會輸出新的點是貓。

 ## 7-2-3　K- 平均法 (K-means) 做分群

　　分群 (Clustering) 就是把資料分成許多的群，與分類不同的是這些群都是我們事先沒有定義的，也就是沒有標籤的資料。例如：以「鳶尾花的花萼長度與寬度」為例，把所有資料以如下圖的散佈圖做視覺化後，可以很容易的看出有 3 群，但是不知道每群所代表的是哪一種類別的鳶尾花。

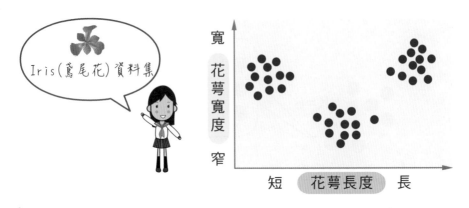

▲ 依花萼長度與寬度分為 3 群

　　K- 平均法 (K-means) 是知名的分群演算法，顧名思義為「依平均值分 K 群」，也就是「找出與哪一個群的中心距離最近，再歸於該群」。假設 K=3 時，首先隨機從所有資料中挑出 3 個資料點做為群的中心，接著，根據初步分群的結果重新計算每群的中心位置，再重新做一次分群。以此類推，當每個資料點所屬的群已經穩定（或不再改變），就完成如下圖的分群。

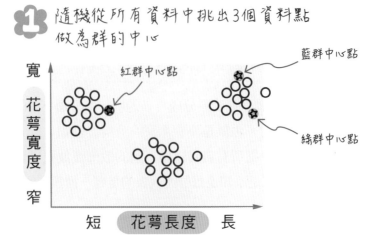

② 將所有的資料點分配給距離各中心點最近的群

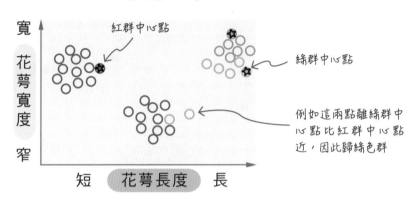

紅群中心點

綠群中心點

例如這兩點離綠群中心點比紅群中心點近，因此歸綠色群

③ 依據初步分群的結果重新計算每群的中心（註：離各點距離總和最近者為中心點）

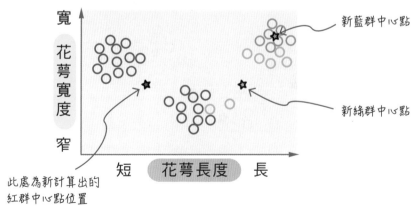

新藍群中心點

新綠群中心點

此處為新計算出的紅群中心點位置

7

4 有了新中心點後，將所有的資料點重新分配給距離各中心點最近的群

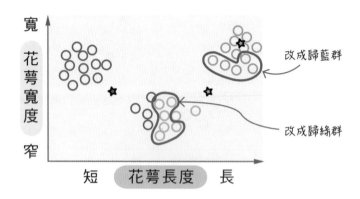

改成歸藍群

改成歸綠群

5 依據分群的結果再次重新計算每群的中心

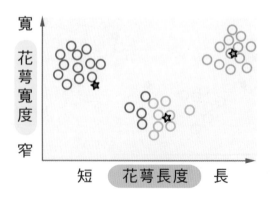

6　將所有的資料點再次分群(註：一樣，若離某新中心點更近，就改歸入該群)

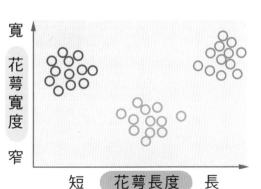

7　依據分群的結果再次重新計算每群的中心並再次分群，一直循環下去

8　當所有群的中心不再有太大的變動，即每個資料點所屬的群已經穩定，就完成分群

7-3　實作機器學習的好工具

近年來機器學習的發展一日千里，這可歸功於許多公司用心研究和不斷的開發更新穎、更高效能的工具，現在開發模型比以往都要來得容易。本節將介紹其中幾種實作機器學習時好用的工具。

 ## 7-3-1　使用 Python 實作機器學習

後續將開始介紹如何使用 Python 來實作機器學習，我們將透過機器學習演算法來解決趨勢預測、分類及分群等常見的問題。

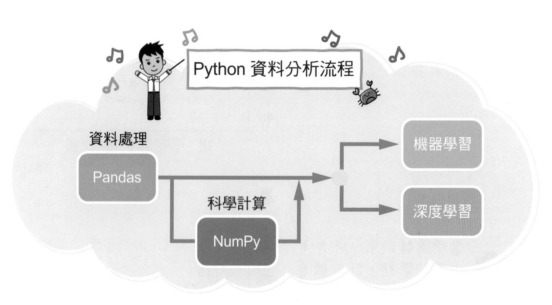

▲ 以 Python 進行機器學習的實作

7-3-2　機器學習的神器 — sklearn 套件

　　sklearn（全名 scikit-learn）是一個常被運用於資料科學和機器學習的 Python 套件，其中提供許多機器學習演算法，包含：線性迴歸、KNN、K-means 等。同時也內建一些耳熟能詳的資料集，例如：Titanic（鐵達尼號）、Iris（鳶尾花）、Digits（手寫數字辨識）等。

　　當我們引用這些演算法時，往往會將之視為黑盒子，也就是即使不清楚盒子內做了哪些事，只要知道輸入什麼進去，預期它會輸出什麼即可。舉例來說，前五次考試成績資料為 (1, 88)、(2, 72)、(3, 90)、(4, 76)、(5, 92)，使用試算表軟體可以求出如下圖的 $y = 1.2x + 80$ 這條趨勢線（如圖中紅色線）。如此一來，我們就能預測下一次考試（即當 $x = 6$ 時）的成績 $y = 1.2 \times 6 + 80 = 87.2$。

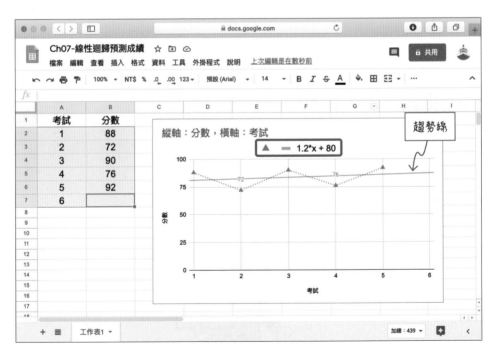

▲ 在試算表軟體中，以五次考試成績產生趨勢線來預測下一次的成績

　　同樣的資料，如果是使用 Python 來實作的話，只需以如下圖的六行程
式碼，就能輕鬆完成以機器學習來做成績預測。

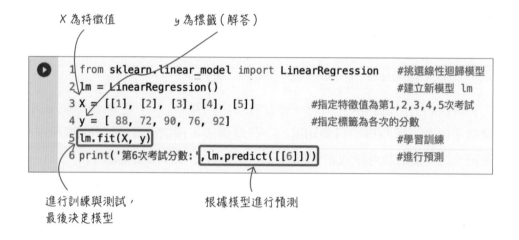

X 為特徵值　　　　　y 為標籤（解答）

```
1 from sklearn.linear_model import LinearRegression    #挑選線性迴歸模型
2 lm = LinearRegression()                              #建立新模型 lm
3 X = [[1], [2], [3], [4], [5]]                        #指定特徵值為第1,2,3,4,5次考試
4 y = [ 88, 72, 90, 76, 92]                            #指定標籤為各次的分數
5 lm.fit(X, y)                                         #學習訓練
6 print('第6次考試分數: ',lm.predict([[6]]))            #進行預測
```

進行訓練與測試，　　　　　根據模型進行預測
最後決定模型

```
第6次考試分數: [87.2]
```

▲ 以 Python 實作機器學習做成績預測

　　很神奇吧！是不是相當精簡呢？！讓我們趕快進入下一章的機器學習
實作吧！

memo

線性迴歸
趨勢預測

挑選模型 ➡ ① 匯入線性迴歸模型

from sklearn.linear_model import LinearRegression

學習訓練 ➡ ② 建立線性迴歸模型　lm =LinearRegression()

特徵值資料框

③ 訓練線性迴歸模型　lm.fit (df_X, df_y)

標籤序列

測試評估 此步驟省略

模型

$$y=mx+b$$

決定模型 ➡ ④ 取出線性迴歸模型 m 參數　print ('m為', lm.coef_)

⑤ 取出線性迴歸模型 b 參數　print (' b為', lm.intercept_)

進行預測 ➡ ⑥ 進行趨勢預測

```
temp = [[ 23 ]]
p = lm.predict(temp)
```

23℃　線性迴歸　進行預測

氣溫23度　進行預測　銷售量?杯

特徵值要做成資料框(Dataframe)，
即使只有一筆資料。

只有 1 筆特徵值

```
temp = [[23]]
p = lm.predict(temp)
```

1 筆以上的特徵值

```
temp = [[23],[18],[36]]
p = lm.predict(temp)
```

第 8 章

機器學習實戰（一）：
用線性迴歸分析做趨勢預測

本章將以機器學習之線性迴歸實作，以氣溫預測珍珠奶茶的銷售量，做為茶飲店用來進貨、備料的依據。

8-1 機器學習前準備

資料科學 ⓪ 問個感興趣的問題

天寒地凍時能喝上一杯暖入心窩的火焰黑豹珍奶，那真可說是日常生活中的小確幸！如果我是一間飲料店的老闆：

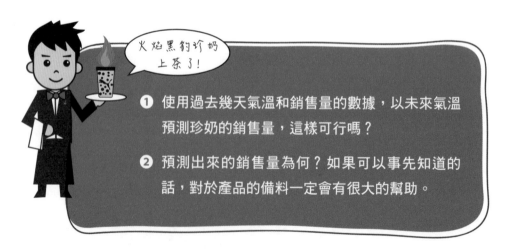

接下來以 Python 進行有關線性迴歸分析的實作，看看天冷的時候火焰黑豹珍奶銷售量是否真的可以預測？尤其是當給予夠大的歷史銷售量資料量，預測效果是否就能更加的準確。

資料科學 ① 資料取得

底下是茶飲店連續 20 天所記錄的當天氣溫和火焰黑豹珍奶銷售量，我們先將其建置成 pandas 的資料框。

氣溫 (°C)	銷售量 (杯)	氣溫 (°C)	銷售量 (杯)
17	386	21	171
17	360	21	204
17	383	21	213
22	146	17	279
19	300	25	97
21	254	21	262
17	403	20	262
17	381	19	225
22	269	19	240
24	99	22	226

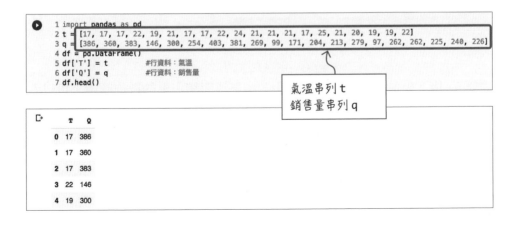

```
1 import pandas as pd
2 t = [17, 17, 17, 22, 19, 21, 17, 17, 22, 24, 21, 21, 21, 17, 25, 21, 20, 19, 19, 22]
3 q = [386, 360, 383, 146, 300, 254, 403, 381, 269, 99, 171, 204, 213, 279, 97, 262, 262, 225, 240, 226]
4 df = pd.DataFrame()
5 df['T'] = t          #行資料：氣溫
6 df['Q'] = q          #行資料：銷售量
7 df.head()
```

氣溫串列 t
銷售量串列 q

```
      T   Q
0    17  386
1    17  360
2    17  383
3    22  146
4    19  300
```

資料
科學
❷　資料處理

　　取得的資料通常需要做資料處理，如第 6 章資料處理的步驟：檢查各行並適當調整資料型別、缺失值的補值或刪除、刪除重複值或異常值，才可進一步將資料分割為特徵值 (Feature) 及標籤 (Label)。本例使用的資料很單純，假設並不需要資料處理的工作。

資料
科學
❸　探索性資料分析

01　接下來進一步將資料視覺化，由氣溫與銷售量的散佈圖中，可以看出隨著氣溫的上升，銷售量真的會出現遞減的情形。

氣溫高，銷售量減

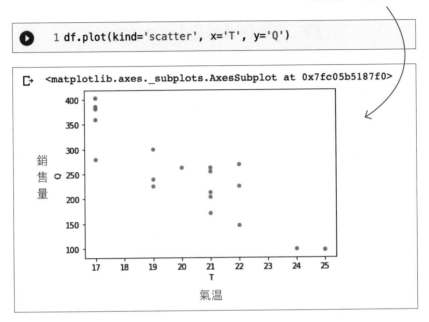

```
1 df.plot(kind='scatter', x='T', y='Q')
```

`<matplotlib.axes._subplots.AxesSubplot at 0x7fc05b5187f0>`

　　如果要以氣溫和火焰黑豹珍奶銷售量做為機器學習中線性迴歸所需的資料，必須提供特徵值 (Feature) 以及標籤 (Label) 資料。機器學習特徵值資料的變數名稱慣用大寫 X、標籤資料則是慣用小寫 y 的方式來呈現，類似數學函數的概念：輸入 X 值，經過運算後，得到結果 y。

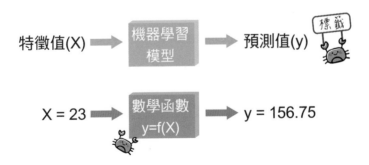

　　以這個例子來說，特徵值 (X) 是氣溫，而銷售量則是標籤 (y)。特徵值需要設定成資料框 (Dataframe)，即使特徵值只有一行（欄）；標籤則需取一行（欄）資料設定成序列 (Series)。

8

建立特徵值資料框(Dataframe)

特徵值資料框名稱 = 資料框名稱[['行索引1', '行索引2',...]]

```
df_X = df[['T']]
```

建立標籤序列(Series)

標籤序列名稱 = 資料框名稱['行索引']

```
df_y = df['Q']
```

特徵值(X)　　標籤(y)

氣溫(T)	銷售量(Q)
17	386
17	360
17	383
22	146
19	300

   ...

02 建立特徵值資料框及標籤序列，我們將特徵值存在「df_X」資料框，其相應的標籤則存在「df_y」序列。

雙層的中括號 (特徵值)，設定成資料框

```
1 df_X = df[['T']]
2 df_y = df['Q']
```

單層的中括號 (標籤)，設定成序列

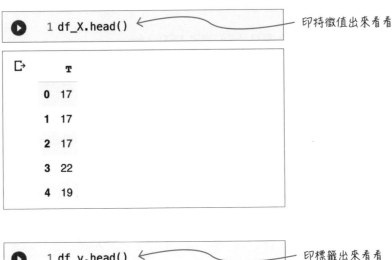

印特徵值出來看看

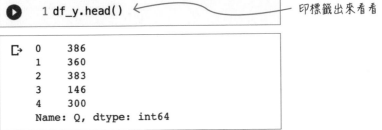

印標籤出來看看

資料科學 ④ 機器學習做資料分析

　　完成前面的階段後，接著就要進行機器學習的分析實作，請繼續見下一節的說明。

8-2　機器學習實作

　　取得資料的特徵值 (X) 和標籤 (y) 之後，便能進行如第 7 章中所提到的機器學習實作步驟：挑選模型→學習訓練→測試評估→決定模型，如下圖所示。經過機器學習的過程，我們就可以把未來的氣溫預測資料，輸入到產生的模型中，模型將預測並輸出珍奶可能的銷售量。

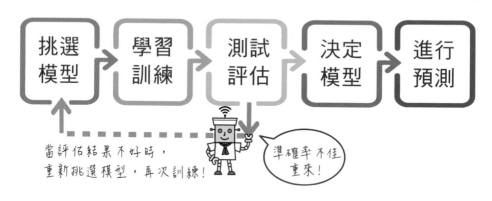

▲ 機器學習的實作步驟

　　本例想要利用機器學習由氣溫的變化來預測火焰黑豹珍奶可能的銷售量，這樣的預測功能可以運用 sklearn 提供的線性迴歸函式 LinearRegression()，只要簡單幾個步驟即可達成。

> **TIP**
>
> 迴歸(Regression)是一種用來分析變數和變數之間關聯性的工具，可以由輸入的變數(x)推論和預測變數(y)的可能結果。

8-2-1 提出具體的假設

由前面的「步驟 3 探索性資料分析」得知「氣溫上升，銷售量遞減」。我們提出以下假設：「由機器利用氣溫為特徵值，自行學習如何準確預估銷售量」。經過機器學習的過程，再輸入未來的氣溫到訓練產生的模型中，進行銷售量的趨勢預測。

8-2-2 找出機器學習模型

在這個例子中我們挑選了線性迴歸分析模型，利用搜集的歷史資料來進行訓練。

 ❶ 挑選模型：匯入線性迴歸模型

首先匯入 sklearn 中的線性迴歸模型。

```
1 from sklearn.linear_model import LinearRegression
```

 ❷ 學習訓練：建立並訓練線性迴歸模型

建立模型
LinearRegression()

訓練模型
fit()

建立線性迴歸模型

線性迴歸模型名稱 = LinearRegression()

訓練線性迴歸模型

線性迴歸模型名稱.fit(訓練特徵值資料框名稱, 訓練標籤序列名稱)

有了包含特徵值 (即氣溫 df_X) 和標籤 (即銷售量 df_y) 的訓練用資料，接下來就以此做為模型訓練的輸入。

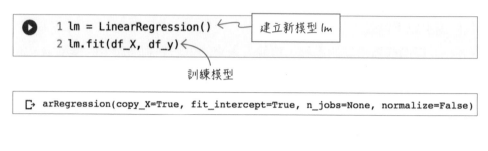

測試評估

此例資料量很少，省略「測試評估」步驟。

決定模型：取出線性迴歸模型的 m、b 參數

挑選的模型經過訓練後可以得到模型的參數，在本例中所挑選的線性迴歸模型是創建一條描述訓練資料的最適直線 y=mx+b，得到的參數 m 約為 -33.2、參數 b 約為 920.28，最終，訓練後的模型即為 y = -33.2x + 920.28。

```
1 print('線性迴歸的模型為 y = f(x) = mx +b')
2 print('m 為 ',lm.coef_)
3 print('b 為 ', lm.intercept_)
```
← 取出 m 跟 b

```
線性迴歸的模型為 y = f(x) = mx +b
m 為 [-33.19704219]
b 為 920.2809917355372
```

機器學習 ❺ 進行預測

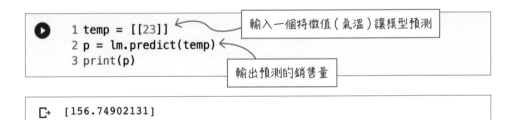

進行預測
predict()

線性迴歸模型預測
模型名稱.predict(特徵值資料框名稱)

　　創建模型後就可以拿來試試看其準確率到底會有多少！取一個或多個未來可能發生的特徵 (即氣溫) 當成預測函式 predict() 的輸入，此處因為要做結果預測 (即可能的銷售量)，所以就不需要標籤 (即實際的銷售量)。

```
1 temp = [[23]]
2 p = lm.predict(temp)
3 print(p)
```
← 輸入一個特徵值 (氣溫) 讓模型預測
　 輸出預測的銷售量

```
[156.74902131]
```

```
1 temp = [[23],[18],[36]]
2 p = lm.predict(temp)
3 print(p)
```
← 輸入多個特徵值 (氣溫) 讓模型預測

```
[ 156.74902131  322.73423227 -274.81252719]
```

8-2-3　提出機器學習後的資料分析結果

　　前面以簡單的數學線性迴歸做為機器學習演算法，輸入歷史資料進行訓練，利用完成的模型進行趨勢預測的確是可行的。以本例而言，我們給了一筆特徵值資料　[[23]]　(即氣溫 23°C)，預測出來的銷售量是 156.75 (約 157 杯)！

　　本例中，以氣溫的變化來預測火焰黑豹珍奶可能的銷售量。藉由預測出來的銷售量，就可以做為老闆採購備料的重要參考。

加廣
知識

這樣的機器學習可以進一步應用於以下情境：

* 投入廣告費與銷售額。

* 最高氣溫與尖峰用電量。

* 由身高預測體重多少。

本章學習操演（一）

Alice 的超夢幻南極之旅轉眼間已到了第 8 天，看著大小企鵝在雪地中玩樂，連睡覺時都是數著企鵝入眠，每天都沉浸在幸福的旅程中。這天企鵝社的討論板因為一則南極氣溫的新聞消息炸鍋了！『 2 月 9 日南極破紀錄高溫來到攝氏 20.75 度，比當天的臺北還熱…』，Alice 一時心沉了下來，不免替眼前這些可愛的企鵝擔心不已。立馬決定和小 P 用線性迴歸預測一下未來氣溫還會上升嗎？

 演練內容

1. 讀取溫度差距資料檔案 (1880-2020 年均溫 .csv，資料來源：https://en.wikipedia.org/wiki/Instrumental_temperature_record)，並以每隔 10 年的年代 (Decade) 和溫度差 (Change from 1880) 繪製成散佈圖。

提示 繪製散佈圖：df.plot(kind='scatter', x= 年代 , y= 溫度差)

8-13

2. 依據 1880 年起的資料建立並訓練線性迴歸模型，完成後進行「2030～2040」及「2050～2060」的十年均溫趨勢預測。

 提示

建立資料框 (df_X，年代)：df_X = df[['Decade']]

建立序列 (df_y，溫度差)：df_y = df['Change from 1880']

建立線性迴歸模型：LinearRegression()

訓練線性迴歸模型：lm.fit(特徵值資料框，標籤序列)

進行預測：lm.predict(特徵值資料框)

3. 刪除資料框中 1880-1960 的資料，再繪製從 1970 年起的年代與溫度差散佈圖。

 提示

刪除列：drop(列索引 , axis=0)

4. 以近 50 年 (1970-2020) 的資料建立並訓練線性迴歸模型，並且進行「2030～2040」及「2050～2060」的十年均溫的趨勢預測。

5. 儲存結果：程式碼 Penguin08.ipynb。

🐧 參考結果

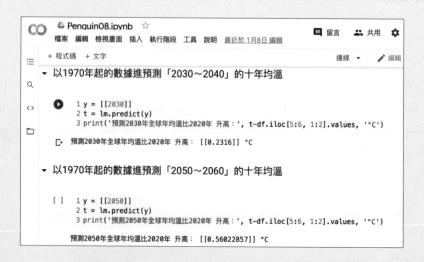

本章學習操演（二）

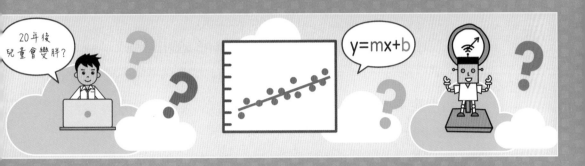

Bob 這幾天在思考一個問題：「20 年或 30 年後兒童的身高體重會出現變化嗎？」他想用線性迴歸預測一下未來兒童的 BMI 值及體重上升下降的狀況，並利用機器學習進行了未來兒童體重的趨勢預測。

 演練內容

1. 讀取 WHO（世界衛生組織）統計 1975 年至 2016 年全球 5～9 歲兒童平均 BMI 的資料檔案 (BMI-5_9.csv，資料來源：https://www.who.int/data/gho/data/indicators/indicator-details/GHO/mean-bmi-(kg-m-)-(crude-estimate)，並以期間 (Period) 和平均 BMI (Mean BMI) 繪製成散佈圖。

   提示 繪製散佈圖：df.plot(kind='scatter', x= 期間 , y= 平均 BMI))

2. 依據 1975 年至 2016 年的資料建立並訓練線性迴歸模型。

提示

建立資料框 (df_X，期間)：df_X = df[['Period']]

建立序列 (df_y，平均 BMI)：df_y = df['Mean BMI']

建立線性迴歸模型：LinearRegression()

訓練線性迴歸模型：lm.fit(特徵值資料框，標籤序列)

進行預測：lm.predict(特徵值資料框)

3. 預測 2025 年平均 BMI、125cm 的兒童體重比 2000 年同樣身高的兒童提高多少 kg ？

提示　BMI= 體重 (公斤)/ 身高 ^{2}(公尺 ^{2})

4. 預測 2030 年兒童平均 BMI、125cm 的兒童又會比 2000 年同樣身高的兒童提高多少呢？

5. 儲存結果：程式碼 Shoes08.ipynb。

 參考結果

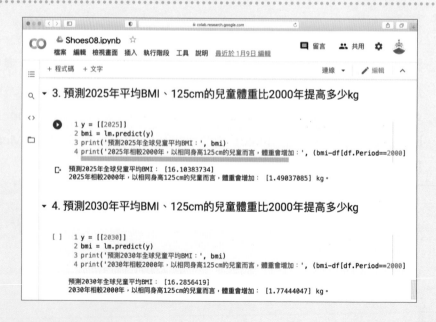

memo

KNN
分類

挑選模型

① 匯入KNN模型

```
from sklearn.neighbors import KNeighborsClassifier
```

② 設定特徵值及標籤

```
df_X = df [[ ]]    持徵值資料框
df_y = df [ ]      標籤序列
```

學習訓練

③ 分割資料集　隨機劃分訓練用、測試用資料

```
from sklearn.model_selection import train_test_split
X_train, X_test, y_train, y_test = train_test_split()
```

④ 建立KNN模型　　　　　　　　　　　K個鄰居

```
knn = KNeighborsClassifier(n_neighbors=k)
```

⑤ 進行訓練　knn.fit(X_train, y_train)

測試用持徵值　　測試用標籤

⑥ 計算模型的準確率　knn.score(X_test, y_test)

⑦ 以測試集進行預測　pred = knn.predict(X_test)

測試評估

⑧ 匯入及計算測試集分類的準確率

```
from sklearn.metrics import accuracy_score
accuracy_score(y_test,pred)
```

⑨ 匯入及計算混淆矩陣

```
from sklearn.metrics import confusion_matrix
confusion_matrix(y_test,pred)
```

決定模型

進行預測

⑩ 進行分類預測

```
new = [[6.6,3.1,5.2,2.4]]
v = knn.predict(new)
```

這朵鳶尾花
是屬於哪一個
類列？

k=6
6個鄰居

第 9 章

機器學習實戰（二）：
用 K 最近鄰法做分類

機器學習除了做趨勢的預測，另外一個重要的功用則是做分類 (Classification) 的預測。我們可以運用機器學習的分類讓機器進行物體辨識，只要給予電腦觀察物的特徵資料，選定並訓練好模型後就可以進行物體辨識。至今開發出來用於分類的演算法眾多，本章將使用知名的 KNN 分類演算法來實作機器學習的分類。

9-1　機器學習前準備 — 以 Iris 為例

在第 6 章「探索性資料分析—以 Iris 為例」的實作過程中，我們利用 Iris.csv 的資料集經過分析後得到了以下的推論：「想辨識鳶尾花的 3 個類別，花萼長度 (sepal_length)、花萼寬度 (sepal_width)、花瓣長度 (petal_length) 和花瓣寬度 (petal_width) 都和類別具有重要的關聯性，也是在創建機器學習模型時重要的特徵值。」接下來就使用「KNN」來建立一個能夠辨識出鳶尾花正確類別的機器學習模型。

資料科學 0　問個感興趣的問題

隨手拿起用手機拍照記錄造訪的鳶尾花世界，替自己的生活增添幾分的風雅。在整理一張張花朵繽紛的照片時，心中突然有個念想：

❶ 照片中的鳶尾花，該如何分辨它是屬於哪一個類別呢？

❷ 假設我們實際觀測一朵鳶尾花的資料，訓練出來的機器學習模型有沒有辦法進行分類的預測？

這朵鳶尾花是屬於哪一個類別？

哪一類別？

○ Iris-Setosa (山鳶尾)
○ Iris-Versicolor (變色鳶尾)
○ Iris-Virginica (維吉尼亞鳶尾)

資料科學 ① 資料取得

從 kaggle 網站 https://www.kaggle.com/uciml/iris，下載鳶尾花資料集「Iris.csv」，再將「Iris.csv」上傳到 Google 雲端硬碟。讀取 Google 雲端硬碟的 CSV 檔案「Iris.csv」並轉成資料框型別，完成後再刪除「Id」整欄的資料。此資料集共有 150 筆記錄，每筆記錄分別有 5 個欄位。以下操作如同第 6 章的說明[註1]。

```
1 from google.colab import drive
2 drive.mount('/content/MyGoogleDrive')
3 import pandas as pd
4 df=pd.read_csv(i filepath + 'Iris.csv')
5 df=df.drop('Id', axis=1)        刪除 Id 行資料
6 df.head()
```

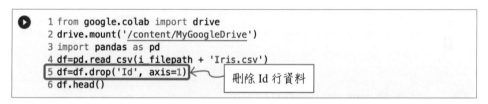

Drive already mounted at /content/MyGoogleDrive; to attempt to forcibly remount,

	SepalLengthCm	SepalWidthCm	PetalLengthCm	PetalWidthCm	Species
0	5.1	3.5	1.4	0.2	Iris-setosa
1	4.9	3.0	1.4	0.2	Iris-setosa
2	4.7	3.2	1.3	0.2	Iris-setosa
3	4.6	3.1	1.5	0.2	Iris-setosa
4	5.0	3.6	1.4	0.2	Iris-setosa

註1　資料取得、資料前處理和探索性資料分析的詳細說明及作法，可參考第六章的 6-2 探索性資料分析─以 Iris 為例。

資料科學 ❷ 資料處理

先瞭解各行的標題與資料型別　→　檢查無缺失值的問題　→　刪除重複值（共 3 筆）後重新編號列索引　→　將 Species（類別）欄位中的文字轉換成數值，這些操作都如同第 6 章的說明。

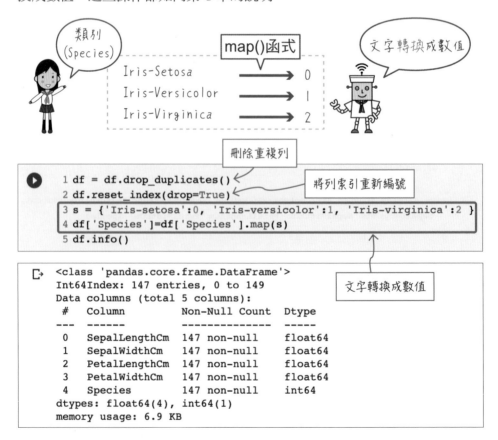

```
1 df = df.drop_duplicates()
2 df.reset_index(drop=True)
3 s = {'Iris-setosa':0, 'Iris-versicolor':1, 'Iris-virginica':2 }
4 df['Species']=df['Species'].map(s)
5 df.info()
```

```
<class 'pandas.core.frame.DataFrame'>
Int64Index: 147 entries, 0 to 149
Data columns (total 5 columns):
 #   Column         Non-Null Count   Dtype
---  ------         --------------   -----
 0   SepalLengthCm  147 non-null     float64
 1   SepalWidthCm   147 non-null     float64
 2   PetalLengthCm  147 non-null     float64
 3   PetalWidthCm   147 non-null     float64
 4   Species        147 non-null     int64
dtypes: float64(4), int64(1)
memory usage: 6.9 KB
```

資料科學

❸ 探索性資料分析

依第 6 章探索性資料分析得知，花萼及花瓣的長度與寬度等 4 個特徵與類別具有重要的關聯性，所以我們採用這 4 個行資料做為接下來機器學習的特徵值 (Feature)；「類別 (Species)」則為標籤 (Label)。

特徵值(X)

- SepalLengthCm(花萼長度)
- SepalWidthCm(花萼寬度)
- PetalLengthCm(花瓣長度)
- PetalWidthCm(花瓣寬度)

Petal花瓣

Sepal花萼

標籤(y)

- Species(類別)：

  0：Iris-Setosa(山鳶尾)

  1：Iris-Versicolor(變色鳶尾)

  2：Iris-Virginica(維吉尼亞鳶尾)

9

```
1 df.head()
```

看看前 5 筆資料的特徵值和標籤

特徵值 X=[['SepalLengthCm', …]]　　標籤 y=['Species']

	SepalLengthCm	SepalWidthCm	PetalLengthCm	PetalWidthCm	Species
0	5.1	3.5	1.4	0.2	0
1	4.9	3.0	1.4	0.2	0
2	4.7	3.2	1.3	0.2	0
3	4.6	3.1	1.5	0.2	0
4	5.0	3.6	1.4	0.2	0

資料
科學
❹ 機器學習做資料分析

　　完成前面的階段後，接著就要進行機器學習的分析實作，請繼續見下一節的說明。

9-2 機器學習實作 — 以 Iris 為例

取得資料的特徵值 (X) 和標籤 (y) 之後，便能進行如第 7 章中所提到的機器學習實作步驟：挑選模型 → 學習訓練 → 測試評估 → 決定模型。本章挑選 sklearn 提供的 KNN 分類演算法實作機器學習模型。

9-2-1 提出具體的假設

由前面的「步驟 3 探索性資料分析」設定好了特徵值 (Feature) 和標籤 (Label) 之後，我們可以提出如此的假設：「利用 Iris 的花萼及花瓣的長度與寬度可以有效的辨識其類別！」

經過機器學習的過程，再把一朵 Iris 的資料輸入到訓練後產生的模型中，看看訓練出來的機器學習模型有沒有辦法進行分類和辨識，用來驗證我們提出的假設是否真的能成立？準確性又會是多少？

9-2-2 找出機器學習模型

用於分類的演算法有很多種，在這個例子中我們挑選了 KNN 模型，底下就來實作如何利用現有的資料進行訓練。

 ❶ 挑選模型：匯入 KNN 模型

首先匯入 KNN 機器學習模型。

```
1 from sklearn.neighbors import KNeighborsClassifier
```

學習訓練：建立並訓練 KNN 模型

設定特徵值及標籤

將鳶尾花的花萼及花瓣的長度與寬度 4 個行資料做成特徵值資料框 df_X，類別欄位做成標籤序列 df_y。

雙層的中括號，
設定成資料框（特徵值）

```
1 df_X = df[['SepalLengthCm','SepalWidthCm','PetalLengthCm','PetalWidthCm']]
2 df_y = df['Species']
```

單層的中括號，
設定成序列（標籤）

分割資料集

7-1-3　節介紹過，機器學習用的資料集通常會分為兩堆，一堆稱為「訓練用資料 (Training Data)」，另一堆稱為「測試用資料 (Test Data)」。通常前者資料量會佔 80%，而後者則佔 20%。接著就來進行分割的操作。

分割資料集
train_test_split()

隨機劃分訓練用、測試用資料

匯入 train_test_split() 函式

```
from sklearn.model_selection import train_test_split
```

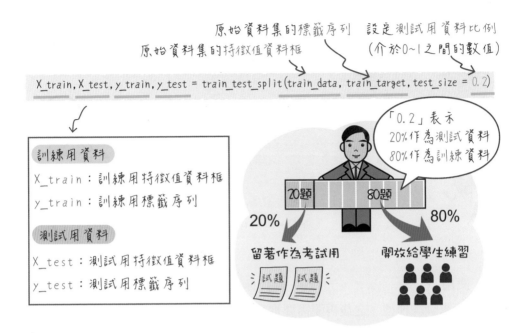

匯入並使用 train_test_split() 函式將特徵值以及標籤資料皆以 80%、20% 的比例分割成訓練用資料 以及測試用資料。

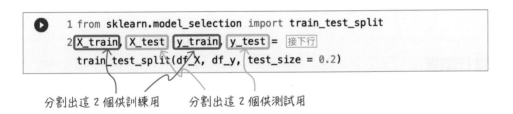

建立 KNN 模型

訓練
KNN模型

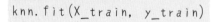

KNN模型名稱.fit(訓練特徵值資料框名稱, 訓練標籤序列名稱)

knn.fit(X_train, y_train)

✔ KNN是依據「距離最近的 k 個鄰居大部分是屬於那一類列」
　來決定目前資料的類列。

✔ 不同的k值得到的準確率可能並不會相同。

✔ 可先用迴圈計算一下各種k值的準確率，再來設定效果較佳的k值。

　　使用 KNeighborsClassifier() 函式建立出模型 knn。在此先試用
「k=1」來訓練模型，之後再視需要進行調校。

指定 k 為 1

```
1 k = 1
2 knn=KNeighborsClassifier(n_neighbors=k)
```

建立新模型 knn

進行訓練

　　指定訓練資料（含特徵值及標籤）給 fit() 函式來訓練模型 knn。

訓練用特徵值　　訓練用標籤

```
1 knn.fit(X_train, y_train)
```

用 training data 去訓練模型

```
KNeighborsClassifier(algorithm='auto', leaf_size=30, metric='minkowski',
                     metric_params=None, n_jobs=None, n_neighbors=1, p=2,
                     weights='uniform')
```

③ 測試評估

計算模型的準確率

這裡使用 score() 函式來計算 KNN 模型的準確率。

計算
KNN準確率
score()

將測試資料集特徵值(X_test)和標籤(y_test)做計算

KNN模型名稱.score(測試特徵值資料框名稱, 測試標籤序列名稱)

```
knn.score(X_test, y_test)
```

測試用特徵值　　測試用標籤

使用模型之前，可以
先利用測試資料集來
評估模型的準確率！

(1) 在產生理想的 KNN 模型之前，我們先看一看 k=1 的準確率如何吧！

```
1 print('----KNN模式訓練後，取test data 進行分類的正確率計算--------')
2 print('準確率:',knn.score(X_test, y_test))
```

測試用特徵值　　測試用標籤

```
----KNN模式訓練後，取test data 進行分類的正確率計算-------
準確率: 0.9666666666666667
```

準確率有 96.7%

(2) 試試別的 k 值是否可以得到更佳的效果！一般可以透過迴圈來計算和
　　觀察不同的參數 k 時所得到的模型準確率。

```
1 s = []
2 for i in range(3,11):
3     k=i
4     knn=KNeighborsClassifier(n_neighbors=k)
5     knn.fit(X_train, y_train)  # 用 training data 去訓練模型
6     print('k =',k,' 準確率:',knn.score(X_test,y_test)) #用 test data
7     s.append(knn.score(X_test,y_test))              #檢測模型的準確率
```

```
k = 3   準確率: 0.9666666666666667
k = 4   準確率: 0.9666666666666667
k = 5   準確率: 0.9666666666666667
k = 6   準確率: 0.9666666666666667
k = 7   準確率: 0.9666666666666667
k = 8   準確率: 1.0
k = 9   準確率: 1.0
k = 10  準確率: 1.0
```

TIP・

分割資料集時是採用「隨機」的方式來劃分訓練用資料和測試用
資料，所以每次訓練出來的模型執行的準確率並不一定會相同。

(3) 由結果得知「在不同 k 值時所得到的準確率不一定會相同」，在此我
　　們採用了 k = 8。

建立並訓練 k=8 的 knn 模型

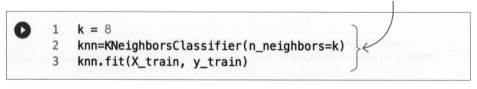

```
1   k = 8
2   knn=KNeighborsClassifier(n_neighbors=k)
3   knn.fit(X_train, y_train)
```

```
KNeighborsClassifier(algorithm='auto', leaf_size=30, metric='minkowski',
                     metric_params=None, n_jobs=None, n_neighbors=5, p=2,
                     weights='uniform')
```

加廣知識 **視覺化圖表來顯示準確率**

將準確率由數字改成用視覺化圖表來顯示，可以更容易比較出不同 k 值的差別。

```
1 df_knn = pd.DataFrame()
2 df_knn['s'] = s
3 df_knn.index = [3,4,5,6,7,8,9,10]
4 df_knn.plot(grid=True)
```

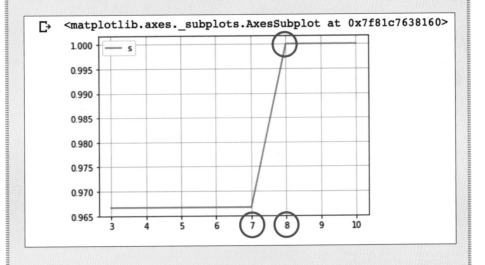

```
<matplotlib.axes._subplots.AxesSubplot at 0x7f81c7638160>
```

9

以測試集進行預測

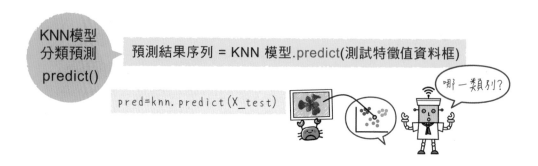

　　接下來拿測試的特徵值資料 X_test 以 predict() 函式進行預測各筆資料的分類。

(1)　完成後得到了分類結果序列。

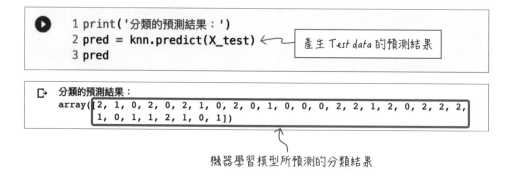

(2)　再把此預測結果序列 (pred) 和測試資料的標籤 (y_test) 做比對,看看預測結果會是如何。

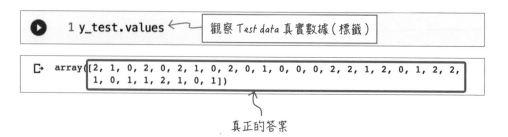

加廣
知識　**利用 values 屬性做橫式顯示**

上一頁最底下若直接使用序列名稱 (y_test) 會連同索引一起印出來，並且印成直式，這樣會不方便比對。加上「values」屬性之後，就可以將序列的值以橫式顯示。

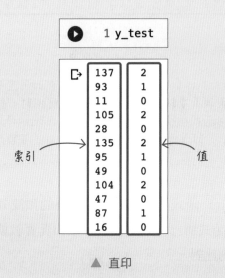

▲ 直印

> **1 y_test.values**

```
array([2, 1, 0, 2, 0, 2, 1, 0, 2, 0, 1, 0,
       1, 0, 1, 1, 2, 1, 0, 1])
```

▲ 橫印

匯入及計算測試集分類的準確率

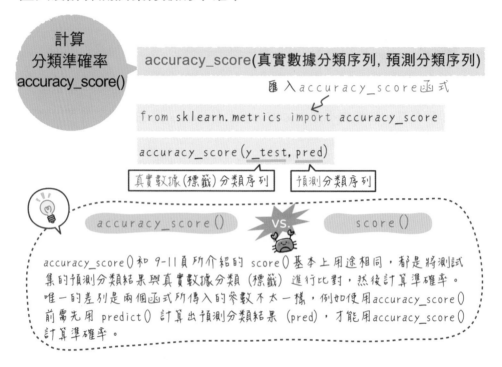

因前述 predict() 函式已得到每一筆資料的預測分類，我們可以採用 accuracy_score() 函式將已得到的預測分類和真實數據進行比對而計算出準確率，省卻人工的比對。

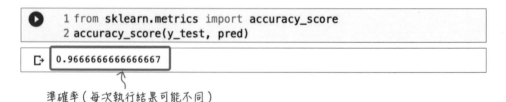

準確率（每次執行結果可能不同）

匯入及計算混淆矩陣

以人工來做測試集的預測結果和測試集標籤的比對工作，真可說是既辛苦而且又容易出錯。我們可以藉由 Python 所提供的「混淆矩陣 (confusion_matrix)」直接交給電腦去進行判讀，分析模型在每個類別上的表現狀況，便能很快速的找出有哪一些分類出了狀況。

計算
混淆矩陣
confusion_matrix()

confusion_matrix(真實數據分類序列, 預測分類序列)

匯入 confusion_matrix 函式

```
from sklearn.metrics import confusion_matrix
```

```
confusion_matrix(y_test, pred)
```

真實數據分類序列　　預測分類序列

WHAT?
混淆矩陣

蘋果5個
Apple

楊桃5個
Carambola

芭樂5個
Guava

```
y1=pd.Series([A,A,A,G,C,C,G,G,G,C,C,C,A,A,G])
p1=pd.Series([A,G,A,G,C,C,G,G,A,C,C,C,G,A,G])
confusion_matrix(y1,p1)
```
真實數據分類序列
預測分類序列
產生混淆矩陣

2個蘋果被誤判為芭樂了！

```
array([[3, 0, 2],
       [0, 5, 0],
       [1, 0, 4]])
```

混淆
矩陣

真實數據 \ 預測分類	A	C	G
A	3	0	(2)
C	0	5	0
G	1	0	4

1個芭樂被誤判為蘋果了！

混淆
矩陣

將預測分類序列和真實數據
分類序列依序逐一比對，並
且將比對的結果以表格的方
式來呈現。

分類正確：預測分類和真實數據分類相同

分類錯誤：預測分類和真實數據分類不同

匯入及使用函式 confusion_matrix() 來計算混淆矩陣，可以清楚顯示 3 種鳶尾花類別的預測結果。

```
1 from sklearn.metrics import confusion_matrix
2 confusion_matrix(y_test, pred)
```

```
array([[10,  0,  0],
       [ 0,  9,  1],
       [ 0,  0, 10]])
```
對角線代表分類正確個數

加深知識　交叉驗證概念

看到前面的準確率及混淆矩陣結果，我們再帶您仔細思考訓練資料的重要性！在機器學習的過程中，由於分割資料集時是採用「隨機」的方式來劃分，因此餵給模型不同的訓練資料便會產生不一樣的準確率！

為了避免在分割資料集時 "剛好" 挑選到非常適合的訓練資料所決定的 k 值，最終得到了 "極高" 的準確率，專家提出「交叉驗證 (Cross Validation)」的概念，就是餵給模型不同的訓練資料後再觀察結果，並且藉此去推測及選用最佳的 k 值，希望能得到真正理想的模型。

交叉驗證計算準確率

cross_val_score() 函式

匯入 cross_val_score 函式

使用前先匯入

```
from sklearn.model_selection import cross_val_score
```

```
cross_val_score(KNN模型名稱, 特徵值資料框, 標籤序列, scoring='accuracy', cv=正整數))
```

每一次特徵值資料框、標籤序列
都是未分割的所有資料

重複次數

接下頁

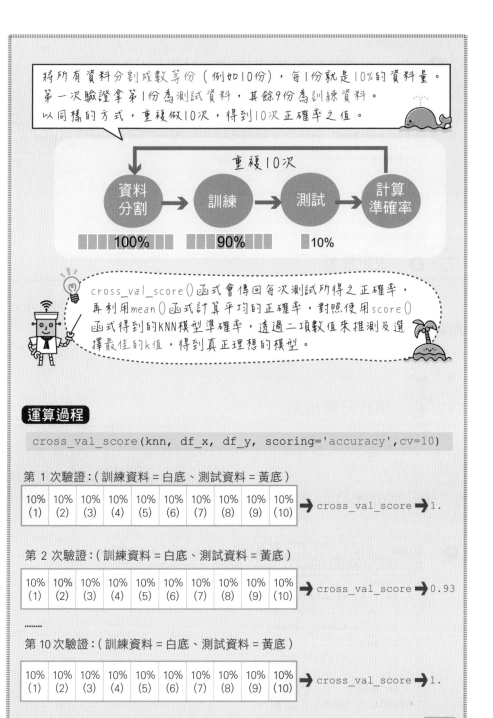

將所有資料分割成數等份（例如10份），每1份就是10%的資料量。
第一次驗證拿第1份為測試資料，其餘9份為訓練資料。
以同樣的方式，重複做10次，得到10次正確率之值。

重複10次

資料分割 → 訓練 → 測試 → 計算準確率

100%　90%　10%

cross_val_score()函式會傳回每次測試所得之正確率，再利用mean()函式計算平均的正確率，對照使用score()函式得到的KNN模型準確率，透過這二項數值來推測及選擇最佳的k值，得到真正理想的模型。

運算過程

```
cross_val_score(knn, df_x, df_y, scoring='accuracy',cv=10)
```

第 1 次驗證：（訓練資料＝白底、測試資料＝黃底）

10% (1)	10% (2)	10% (3)	10% (4)	10% (5)	10% (6)	10% (7)	10% (8)	10% (9)	10% (10)

➔ cross_val_score ➔ 1.

第 2 次驗證：（訓練資料＝白底、測試資料＝黃底）

10% (1)	10% (2)	10% (3)	10% (4)	10% (5)	10% (6)	10% (7)	10% (8)	10% (9)	10% (10)

➔ cross_val_score ➔ 0.93

....

第 10 次驗證：（訓練資料＝白底、測試資料＝黃底）

10% (1)	10% (2)	10% (3)	10% (4)	10% (5)	10% (6)	10% (7)	10% (8)	10% (9)	10% (10)

➔ cross_val_score ➔ 1.

接下頁

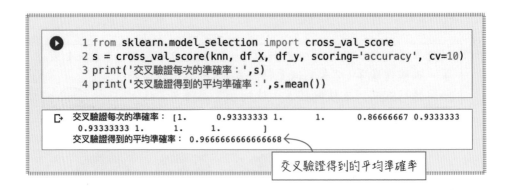

```
1 from sklearn.model_selection import cross_val_score
2 s = cross_val_score(knn, df_X, df_y, scoring='accuracy', cv=10)
3 print('交叉驗證每次的準確率：',s)
4 print('交叉驗證得到的平均準確率：',s.mean())
```

```
交叉驗證每次的準確率： [1.        0.93333333 1.        1.        0.86666667 0.9333333
 0.93333333 1.        1.        1.        ]
交叉驗證得到的平均準確率： 0.9666666666666668 ←
```
交叉驗證得到的平均準確率

❹ 決定模型

如果評估後，模型的準確性已可接受，則模型建立完成；否則，重新選擇模型或調整 KNN 參數後再重新訓練。

❺ 進行分類預測

給一朵鳶尾花的 4 個特徵值：「花萼長度　6.6 公分、花萼寬度　3.1 公分、花瓣長度　5.2 公分、花瓣寬度　2.4 公分」，試試我們建立的辨識模型，看看這朵花應該屬於那一個類別。

```
1 new = [[6.6,3.1,5.2,2.4]]            某一朵花的 4 個特徵值
2 v=knn.predict(new)
3 if v==0:                            呼叫 knn 模型，進行預測
4    s='Iris-Setosa'
5 elif v==1:
6    s='Iris-Versicolour'
7 elif v==2:
8    s='Iris-Virginica'
9 else:
10   s='錯誤'
11 print('預測結果為：', s)
```

```
預測結果為： Iris-Virginica
```

9-2-3 提出機器學習後的資料分析結果

以機器學習演算法 KNN，輸入歷史資料進行訓練，利用完成的模型進行分類是可行的。以本例而言，訓練完模型後我們給了一筆新的特徵值資料 ([[6.6, 3.1, 5.2, 2.4]])，預測出它是「Iris-Virginica」。如果不採用全部 4 個特徵值來實作的話，準確率可能就不會很高。

加廣知識

這樣的機器學習可以進一步應用於以下情境：

- 貓狗的識別。

- 人臉、車牌等識別。

- Titanic（鐵達尼號）之生還預測。

下一節將繼續以 Titanic 資料集為例，進行機器學習之分類實作。

9

9-3　機器學習前準備 — 以 Titanic 為例

在第 6 章「探索性資料分析—以 Titanic （鐵達尼號） 之生還預測為例」的實作過程中，我們利用 train.csv 的資料經過分析後得到了以下的推論：「在鐵達尼號災難中，性別 (Sex) 和艙等 (Pclass) 與乘客的生還率具有重要的關聯性，都是在創建機器學習模型時很重要的特徵值。」接下來將選用這兩個特徵，以 KNN 來實作進行機器學習的訓練。

資料科學 0　問個感興趣的問題

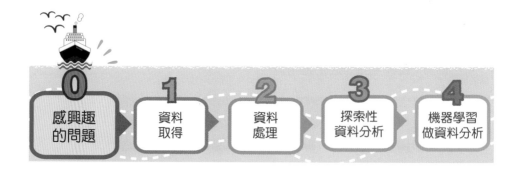

如果時光真的能夠倒流，當鐵達尼號船難發生時：

❶ 哪些乘客們可以「生還」？例如：以下的這些人能存活下來嗎？

接下頁

從 kaggle 網站 https://www.kaggle.com/c/titanic/data 下載「titanic.zip」（同第 6 章），解壓縮後將「train.csv」上傳到 Google 雲端硬碟。首先讀取 Google drive 的 CSV 檔案「train.csv」並轉成資料框型別，共有 891 筆記錄，每筆記錄分別有 12 個欄位。以下操作如同第 6 章的說明[註2]。

註2　資料取得、資料前處理和探索性資料分析的詳細說明及作法，可參考第六章的 6-1 探索性資料分析——以 Titanic（鐵達尼號）之生還預測為例。

```
1 from google.colab import drive
2 drive.mount('/content/MyGoogleDrive')
3 import pandas as pd
4 df=pd.read_csv(i_filepath + 'train.csv')
5 df.head()
```

Drive already mounted at /content/MyGoogleDrive; to attempt to forcibly remount, call drive.mount("/content/MyGoogleDr

	PassengerId	Survived	Pclass	Name	Sex	Age	SibSp	Parch	Ticket	Fare	Cabin	Embarked
0	1	0	3	Braund, Mr. Owen Harris	male	22.0	1	0	A/5 21171	7.2500	NaN	S
1	2	1	1	Cumings, Mrs. John Bradley (Florence Briggs Th...	female	38.0	1	0	PC 17599	71.2833	C85	C
2	3	1	3	Heikkinen, Miss. Laina	female	26.0	0	0	STON/O2. 3101282	7.9250	NaN	S
3	4	1	1	Futrelle, Mrs. Jacques Heath (Lily May Peel)	female	35.0	1	0	113803	53.1000	C123	S
4	5	0	3	Allen, Mr. William Henry	male	35.0	0	0	373450	8.0500	NaN	S

資料科學 ❷ 資料處理

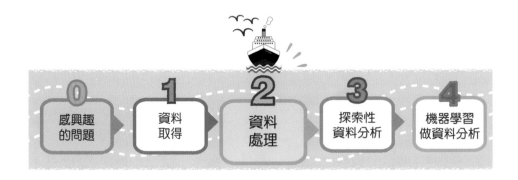

先瞭解各行的標題與資料型別 → 缺失值的補值或刪除 → 刪除重複值或異常值 → 資料轉換，這些操作都如同第 6 章的說明。

```
1 df.info()
```

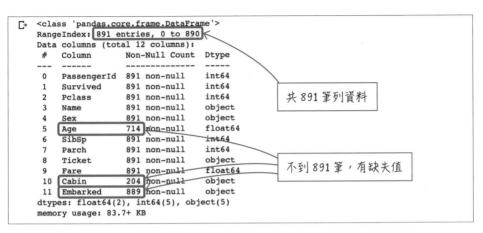

```
<class 'pandas.core.frame.DataFrame'>
RangeIndex: 891 entries, 0 to 890
Data columns (total 12 columns):
 #   Column       Non-Null Count  Dtype
---  ------       --------------  -----
 0   PassengerId  891 non-null    int64
 1   Survived     891 non-null    int64
 2   Pclass       891 non-null    int64
 3   Name         891 non-null    object
 4   Sex          891 non-null    object
 5   Age          714 non-null    float64
 6   SibSp        891 non-null    int64
 7   Parch        891 non-null    int64
 8   Ticket       891 non-null    object
 9   Fare         891 non-null    float64
 10  Cabin        204 non-null    object
 11  Embarked     889 non-null    object
dtypes: float64(2), int64(5), object(5)
memory usage: 83.7+ KB
```

共 891 筆列資料

不到 891 筆，有缺失值

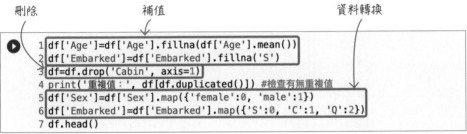

刪除　　　　　補值　　　　　　　　　　　　資料轉換

```
1 df['Age']=df['Age'].fillna(df['Age'].mean())
2 df['Embarked']=df['Embarked'].fillna('S')
3 df=df.drop('Cabin', axis=1)
4 print('重複值：', df[df.duplicated()]) #檢查有無重複值
5 df['Sex']=df['Sex'].map({'female':0, 'male':1})
6 df['Embarked']=df['Embarked'].map({'S':0, 'C':1, 'Q':2})
7 df.head()
```

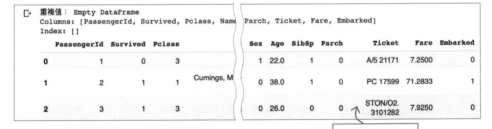

```
重複值： Empty DataFrame
Columns: [PassengerId, Survived, Pclass, Name, Parch, Ticket, Fare, Embarked]
Index: []
```

	PassengerId	Survived	Pclass		Sex	Age	SibSp	Parch	Ticket	Fare	Embarked
0	1	0	3		1	22.0	1	0	A/5 21171	7.2500	0
1	2	1	1	Cumings, M	0	38.0	1	0	PC 17599	71.2833	1
2	3	1	3		0	26.0	0	0	STON/O2. 3101282	7.9250	0

處理好的資料

資料科學 ❸ 探索性資料分析

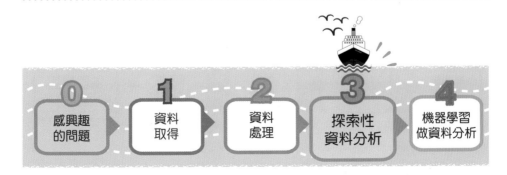

0 感興趣的問題　1 資料取得　2 資料處理　3 探索性資料分析　4 機器學習做資料分析

9

依第 6 章探索性資料分析得知，「性別 (Sex)」和「艙等 (Pclass)」與乘客的生還狀況 (Survived) 具有重要的關聯性，所以我們採用這 2 個行資料做為接下來機器學習的特徵值 (Features)；「生還狀況 (Survived)」則為標籤 (Label)。

```
1 df.head()
```

	PassengerId	Survived	Pclass	Name	Sex	Age	SibSp	Parch
0	1	0	3	Braund, Mr. Owen Harris	1	22.0	1	0
1	2	1	1	Cumings, Mrs. John Bradley (Florence Briggs Th...	0	38.0	1	0
2	3	1	3	Heikkinen, Miss. Laina	0	26.0	0	0
3	4	1	1	Futrelle, Mrs. Jacques Heath (Lily May Peel)	0	35.0	1	0
4	5	0	3	Allen, Mr. William Henry	1	35.0	0	0

標籤 y=['Survived']　　　　特徵值 X=[['Sex','Pclass']]

❹ 機器學習做資料分析

完成前面的階段後，接著就要進行機器學習的分析實作，請繼續見下一節的說明。

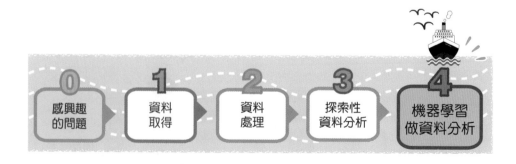

0 感興趣的問題　1 資料取得　2 資料處理　3 探索性資料分析　4 機器學習做資料分析

9-4 機器學習實作 — 以 Titanic 為例

接下來練習如何創建及訓練 KNN 模型，完成後試試 KNN 模型用在鐵達尼號的生還預測效果如何。

9-4-1 提出具體的假設

由探索性資料分析選定特徵值之後，我們可以提出如此的假設：「採用 KNN 模型，利用性別 (Sex) 和艙等 (Pclass) 的特徵值、並且以生還狀況 (Survived) 為標籤，進行訓練後，將可以有效的預測生還狀況。」

特徵值(X)
- Sex (性別)
  - 1：男　0：女
- Pclass (艙等)
  - 1：一等艙　2：二等艙　3：三等艙

標籤(y)
- Survived (生還狀況)
  - 0：死亡
  - 1：生還

9-4-2 找出機器學習模型

用於分類的演算法有很多種，在這個例子中我們挑選了 KNN 模型，並實作如何利用現有的 Titanic 資料集來進行訓練。

❶ 挑選模型:匯入 KNN 模型

首先挑選並匯入常用的 KNN 機器學習模型。

```
1 from sklearn.neighbors import KNeighborsClassifier
```

❷ 學習訓練:建立並訓練 KNN 模型

設定特徵值及標籤

將「性別 (Sex)」和「艙等 (Pclass)」2 個行資料做成特徵值資料框 df_X,「生還狀況 (Survived)」做成標籤序列 df_y。

```
1 df_X = df[['Sex','Pclass']]
2 df_y = df['Survived']
```

分割資料集

匯入並使用 train_test_split() 函式將全部 891 筆中分割出 20% (即 179 筆) 為測試資料,所以就會有 80% (即 712 筆) 做為訓練資料。

分割出 2 個測試用

```
1 from sklearn.model_selection import train_test_split
2 X_train, X_test, y_train, y_test =
   train_test_split(df_X, df_y, test_size = 0.2)
```

分割出 2 個訓練用

建立 KNN 模型

建立 KNN 模型的訓練。在此先試用「k=1」來訓練模型。

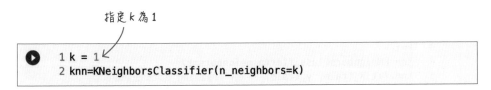

指定 k 為 1

```
1 k = 1
2 knn=KNeighborsClassifier(n_neighbors=k)
```

進行訓練

指定訓練資料（含特徵值及標籤）給 fit() 函式來訓練模型 knn。

訓練用特徵值　訓練用標籤

```
1 knn.fit X_train , y_train
```

```
KNeighborsClassifier(algorithm='auto', leaf_size=30, metric='minkowski',
                     metric_params=None, n_jobs=None, n_neighbors=1, p=2,
                     weights='uniform')
```

機器學習 **❸** 測試評估

9

計算模型的準確率

使用 score() 函式計算模型準確率。

(1) 以「k=1」訓練出來的模型進行測試。

```
1 print('----KNN模式訓練後，取test data 進行分類的準確率計算--------')
2 print('準確率:',knn.score(X_test , y_test))
```

測試用特徵值　　測試用標籤

```
----KNN模式訓練後，取test data 進行分類的準確率計算--------
準確率: 0.36312849162011174
```

(2) 透過迴圈計算和觀察不同的參數 k 時所得到的模型準確率，試
試別的 k 值是否可以得到更佳的效果。

```
1 s = []
2 for i in range(3,11):
3   k=i
4   knn=KNeighborsClassifier(n_neighbors=k)
5   knn.fit(X_train, y_train)  # 用 training data 去訓練模型
6   print('k =',k,' 準確率:',knn.score(X_test,y_test))
    #用 test data 檢測模型的準確率
7   s.append(knn.score(X_test,y_test))
```

```
k = 3   準確率: 0.7262569832402235
k = 4   準確率: 0.7262569832402235
k = 5   準確率: 0.7262569832402235
k = 6   準確率: 0.7932960893854749
k = 7   準確率: 0.7932960893854749
k = 8   準確率: 0.7932960893854749
k = 9   準確率: 0.7262569832402235
k = 10  準確率: 0.7262569832402235
```

(3) 由結果得到 k 在不同值時分別的準確率，在此我們採用了
k = 7。

```
1 k = 7
2 knn=KNeighborsClassifier(n_neighbors=k)  ← 建立並訓練 k = 7 的 knn 模型
3 knn.fit(X_train, y_train)
```

```
KNeighborsClassifier(algorithm='auto', leaf_size=30, metric='minkowski',
                     metric_params=None, n_jobs=None, n_neighbors=7, p=2,
                     weights='uniform')
```

以測試集進行預測

以「k=7」為 KNN 模型的參數，拿測試資料透過 KNN 預測後產生的
生還值和真實標籤來進行比對，可找出判斷錯誤的資料。

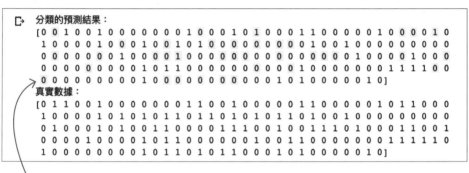

```
1 print('分類的預測結果：')
2 pred = knn.predict(X_test)          ← 產生 Test data 的預測結果
3 print(pred)
4 print('真實數據：')
5 print(y_test.values)               ← 觀察 Test data 真實數據（標籤）
```

```
分類的預測結果：
[0 0 1 0 0 1 0 0 0 0 0 0 1 0 0 0 1 0 1 0 1 0 0 0 1 1 0 0 0 0 0 1 0 0 0 0 1 0
 1 0 0 0 1 0 0 0 1 0 0 1 0 0 1 0 1 0 0 0 0 0 0 0 0 1 0 0 1 0 0 0 0 0 0 0 0
 0 0 0 0 0 0 1 0 0 0 0 1 0 0 0 0 0 0 0 0 0 0 0 0 0 0 1 0 0 0 1 0 0 0
 0 0 0 0 0 0 0 1 0 1 1 0 0 0 0 0 0 0 0 1 0 0 0 0 0 0 0 0 1 1 1 1 0 0
 0 0 0 0 0 0 0 0 1 0 0 0 0 0 0 0 0 0 0 1 0 1 0 0 0 0 0 1 0]
真實數據：
[0 1 1 0 0 1 0 0 0 0 0 0 1 1 0 1 0 0 0 0 0 0 1 1 0 1 0 0 0 0 1 0 1 1 0 0 0
 1 0 0 0 0 1 0 1 0 1 0 1 1 0 1 1 0 1 1 0 1 0 1 0 1 1 0 0 1 0 0 1 0 0 0 0 0 0
 0 1 0 0 0 1 0 1 0 0 1 1 0 0 0 0 1 1 1 0 1 0 0 1 1 1 0 1 0 0 0 0 1 1 0 0 1
 0 0 0 0 1 0 0 0 1 0 1 1 0 0 0 0 0 1 0 0 1 1 0 0 0 0 0 0 1 1 1 1 1 0
 1 0 0 0 0 0 0 0 0 1 0 1 1 0 1 0 1 1 0 0 0 1 0 1 0 0 0 0 0 1 0]
```

黃底的為錯誤的分類
（每次執行的結果可能不同）

匯入及計算測試集分類的準確率

匯入並使用 accuracy_score() 函式計算預測結果（分類）的準確率。

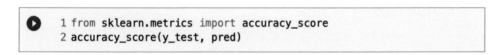

```
1 from sklearn.metrics import accuracy_score
2 accuracy_score(y_test, pred)
```

```
0.7932960893854749
```

匯入及計算混淆矩陣

使用混淆矩陣協助快速分析辨識正確和錯誤的情形。

(1) 初步得到如下圖的數據。全部測試資料為 113 + 3 + 34 + 29 = 179 筆，
正確判斷的筆數是 113 + 29 = 142，準確率約為 142 / 179 = 79.33%。

```
1 from sklearn.metrics import confusion_matrix
2 confusion_matrix(y_test, pred)
```

```
array([[113,    3]
       [ 34,   29]])
```

34 及 3 代表分類錯誤個數
113 及 29 代表分類正確個數

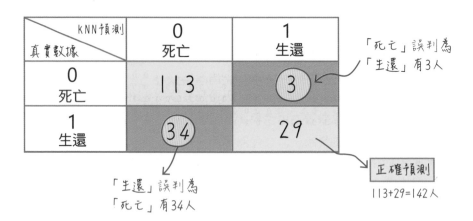

KNN預測\真實數據	0 死亡	1 生還
0 死亡	113	③
1 生還	㉞	29

「死亡」誤判為「生還」有3人

「生還」誤判為「死亡」有34人

正確預測
113+29=142人

(2) 接下來進行 10 次交叉驗證的預測，檢視我們採用及訓練的模型在這 10 次中準確率的差異。結果為：平均準確率 76.99%，最好達 82.02%、最差有 74.16%。

```
1 from sklearn.model_selection import cross_val_score
2 s=cross_val_score(knn, df_X, df_y, scoring='accuracy', cv=10)
3 print('準確率：',s)
4 print('平均準確率：',s.mean())
5 print('最高：',s.max())
6 print('最差：',s.min())
```

```
準確率： [0.74444444 0.79775281 0.76404494 0.75280899 0.82022472 0.7752809
 0.76404494 0.74157303 0.7752809  0.76404494]
平均準確率： 0.7699500624219726
最高： 0.8202247191011236
最差： 0.7415730337078652
```

④ 決定模型

　　如果評估後，模型的準確性已可接受，則模型建立完成；否則，重新選擇模型或調整 KNN 參數後再重新訓練。

⑤ 進行分類預測

　　最後這一步驟就試著使用我們建立的 KNN 辨識模型，針對以下這些人物來進行生還預測：

人物	說明	特徵資料	請勾選
  Jack　　Rose 傑克 (Jack) 蘿絲 (Rose)	1997 年詹姆斯·卡麥隆導演的鐵達尼號劇中男女主角	傑克： Sex = 1（男） Pclass = 3（三等艙） 蘿絲： Sex = 0（女） Pclass = 1（一等艙）	傑克 (Jack) □生還 □死亡 蘿絲 (Rose) □生還 □死亡
  Mr. & Mrs. Straus 伊西多·史特勞斯 (Isidor Straus) 伊達·史特勞斯 (Ida Straus)	伊西多是美國梅西百貨公司創辦人，1912 年夫婦兩人搭鐵達尼號坐頭等艙返回美國。當船失事，伊達很快地得以登上救生艇，但她堅持不離開伊西多，雖然伊西多頻催促太太上救生艇，但她始終選擇陪伴伊西多，致後來雙雙喪身海裡！	伊西多： Sex = 1（男） Pclass = 1（一等艙） 伊達： Sex = 0（女） Pclass = 1（一等艙）	伊西多·史特勞斯 (Isidor Straus) □生還 □死亡 伊達·史特勞斯 (Ida Straus) □生還 □死亡

接下頁

人物	說明	特徵資料	請勾選
![Mrs. Brown] Mrs. Brown 布朗夫人 (Mrs. Brown)	布朗夫人的家庭是丹佛淘金熱的富豪，1912 年她離開遠在英國的女兒搭鐵達尼號坐頭等艙返美。失事時她順利登上救生艇，但她的救生艇還有四十多個空位，她堅持再多讓一點人上船，但未受允許。生還返美後她籌措成立鐵達尼號倖存者委員會，積極參加社會慈善活動。	布朗夫人： Sex = 0（女） Pclass = 1（一等艙）	布朗夫人 (Mrs. Brown) □生還 □死亡
如果當年你是一位搭二等艙的男士呢？		Sex = 1（男） Pclass = 2（二等艙）	□生還 □死亡

特徵值

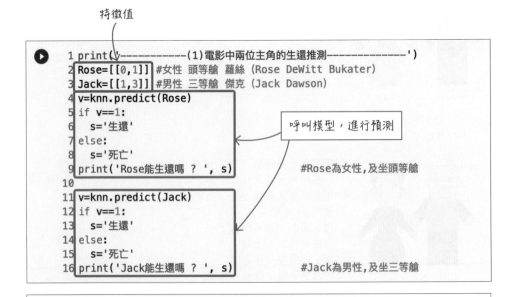

```
 1 print('------------(1)電影中兩位主角的生還推測------------')
 2 Rose=[[0,1]]  #女性 頭等艙 蘿絲 (Rose DeWitt Bukater)
 3 Jack=[[1,3]]  #男性 三等艙 傑克 (Jack Dawson)
 4 v=knn.predict(Rose)
 5 if v==1:
 6     s='生還'
 7 else:
 8     s='死亡'
 9 print('Rose能生還嗎 ? ', s)        #Rose為女性,及坐頭等艙
10
11 v=knn.predict(Jack)
12 if v==1:
13     s='生還'
14 else:
15     s='死亡'
16 print('Jack能生還嗎 ? ', s)        #Jack為男性,及坐三等艙
```

呼叫模型，進行預測

```
------------(1)電影中兩位主角的生還推測------------
Rose能生還嗎 ?  生還
Jack能生還嗎 ?  死亡
```

特徵值

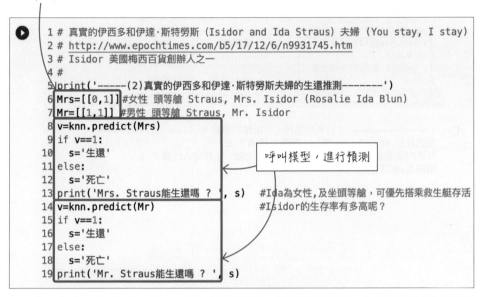

```
1 # 真實的伊西多和伊達·斯特勞斯 (Isidor and Ida Straus) 夫婦 (You stay, I stay)
2 # http://www.epochtimes.com/b5/17/12/6/n9931745.htm
3 # Isidor 美國梅西百貨創辦人之一
4 #
5 print('-----(2)真實的伊西多和伊達·斯特勞斯夫婦的生還推測--------')
6 Mrs=[[0,1]] #女性 頭等艙 Straus, Mrs. Isidor (Rosalie Ida Blun)
7 Mr=[[1,1]] #男性 頭等艙 Straus, Mr. Isidor
8 v=knn.predict(Mrs)
9 if v==1:
10   s='生還'
11 else:
12   s='死亡'
13 print('Mrs. Straus能生還嗎 ? ', s)   #Ida為女性,及坐頭等艙,可優先搭乘救生艇存活
14 v=knn.predict(Mr)                    #Isidor的生存率有多高呢?
15 if v==1:
16   s='生還'
17 else:
18   s='死亡'
19 print('Mr. Straus能生還嗎 ? ', s)
```

呼叫模型,進行預測

```
-----(2)真實的伊西多和伊達·斯特勞斯夫婦的生還推測-------
Mrs. Straus能生還嗎 ?　生還
Mr. Straus能生還嗎 ?　死亡
```

特徵值

9

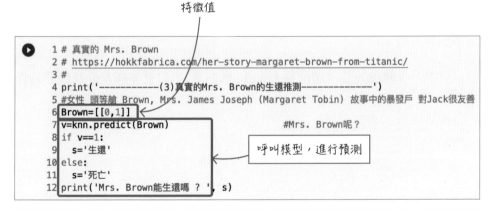

```
1 # 真實的 Mrs. Brown
2 # https://hokkfabrica.com/her-story-margaret-brown-from-titanic/
3 #
4 print('-----------(3)真實的Mrs. Brown的生還推測--------------')
5 #女性 頭等艙 Brown, Mrs. James Joseph (Margaret Tobin) 故事中的暴發戶 對Jack很友善
6 Brown=[[0,1]]
7 v=knn.predict(Brown)          #Mrs. Brown呢?
8 if v==1:
9   s='生還'
10 else:
11   s='死亡'
12 print('Mrs. Brown能生還嗎 ? ', s)
```

呼叫模型,進行預測

```
-----------(3)真實的Mrs. Brown的生還推測--------------
Mrs. Brown能生還嗎 ?　生還
```

```
1 print('--------------- (5)若你也搭上了鐵達尼號呢？ ---------------')
2 s=input('您的性別 (0：女，1：男)，請輸入代碼？ ')
3 c=input('搭乘的船艙艙等 (1：S艙，2：C艙，3：Q艙)，請輸入代碼？ ')
4 you=[[int(s),int(c)]]
5 v=knn.predict(you)
6 if v==1:
7     print('預測為:幸運生還')
8 else:
9     print('預測為:無法生還')
```

特徵值

呼叫模型，進行預測

```
--------------- (5)若你也搭上了鐵達尼號呢？ ---------------
您的性別 (0：女，1：男)，請輸入代碼？ 1
搭乘的船艙艙等 (1：S艙，2：C艙，3：Q艙)，請輸入代碼？ 1
預測為:無法生還
```

9-4-3　提出機器學習後的資料分析結果

　　以機器學習演算法 KNN，輸入 Titanic 歷史資料進行訓練，利用完成的模型進行分類的準確性蠻高的。

　　以本例而言，我們最後給了 Jack、Rose… 等 6 筆新的特徵值進行分析，模型預測出的生還率符合預期。如果重複幾次的預測時，發現偶爾會有「意外的結果」，如 Jack 也可能被分類為「生還」，畢竟上述模型的準確度不到百分百。

　　有進一步興趣的話，請前往 kaggle 網站[註3]，有更多網友分享他們的作法。

註3　例如，https://www.kaggle.com/search?q=titanic。

本章學習操演（一）

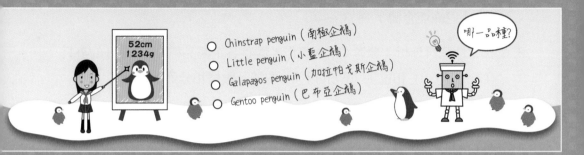

52cm
1234g

- ○ Chinstrap penguin（南極企鵝）
- ○ Little penguin（小藍企鵝）
- ○ Galapagos penguin（加拉帕戈斯企鵝）
- ○ Gentoo penguin（巴布亞企鵝）

哪一品種？

動物園企鵝館即將迎接新成員，新成員是哪一個品種成為企鵝研究社最熱門的討論話題。由於館方一直保密到家，直到最近才釋出重磅消息：「新進企鵝身長 52cm，重量 1234g」。Alice 迫不及待的想要知道牠是哪一種企鵝，依據之前探索性分析她和小 P 提出了以下的假設：「利用企鵝的身長（Length_cm）及重量（Weight_g）二個特徵值可以有效的辨識企鵝品種！」

🐧 演練內容

1. 資料取得：讀取企鵝資料集（penguin.csv）並轉換為資料框，檢視其中共有多少資料筆數，以及所包含的欄位名稱和內容。

2. 資料處理：

   (1) 檢查並刪除重複的資料列，刪除後將列索引重新編號。

   (2) 將 Length_cm（身長）和 Weight_g（重量）有缺失值的資料格都用該企鵝品種（Species）的平均值來補值。

(3) 將企鵝品種 (Species) 的字串資料轉換成數值，Chinstrap penguin（南極企鵝）→ 0、Little penguin（小藍企鵝）→ 1、Galapagos penguin（加拉帕戈斯企鵝）→ 2、Gentoo penguin（巴布亞企鵝）→ 3。

3. 探索性資料分析：參考 Ch06 實作，觀察各企鵝品種 (Species) 的身長 (Length_cm) 和重量 (Weight_g) 的統計數據和分佈情形。

4. 機器學習做資料分析：

(1) Alice 請小 P 使用 KNN 實作，k 值應該設定為多少比較好呢？

(2) 輸入新加入的企鵝特徵值：身長 (Length_cm) = 52cm 及重量 (Weight_g) = 1234g，預測分類結果為哪一種企鵝品種 (Species)。

5. 儲存結果：程式碼 Penguin09.ipynb。

🐧 參考結果

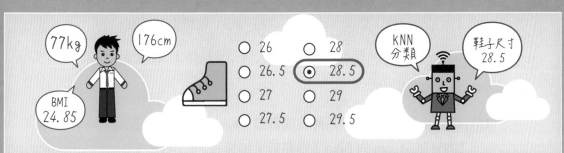

Bob 努力研究分析男、女生穿鞋尺寸的資料集一段時間了，他提出以下的假設：「利用性別、身高、BMI 指數三個特徵值可以預測鞋子的尺寸！」。他使用 KNN 機器學習模型來實作，看看訓練出來的模型有沒有辦法以朋友們的資料進行分類預測。

演練內容

1. 資料取得：讀取男、女生穿鞋尺寸的資料集 (ShoeSize.csv) 並轉換為資料框，檢視其中共有多少資料筆數，以及所包含的欄位名稱和內容。

2. 資料處理：

    (1) 檢查並刪除重複的資料列，刪除後將列索引重新編號。

(2) 將 Height_cm (身高) 缺失值的部份使用具有相同的 Gender (性別)、Weight_kg (體重) 和 Shoe size_cm 資料列的平均身高來補值。Weight_kg 缺失值的部份用相同的 Gender、Height_cm 和 Shoe size_cm 資料列的平均體重來補值。

(3) Shoe size_cm(鞋的尺寸) 的缺失值不予補值，直接刪除。

(4) 重新編號列索引。

(5) 將 Gender 的字串資料轉換成數值，Female → 0、Male → 1。Shoe size_cm 的 float (浮點數) 轉換成 int (整數)。

(6) 新增 BMI 欄位，計算公式為 BMI= 體重 (公斤) / 身高 ^{2} (公尺 ^{2})。

3. 探索性資料分析：參考 Ch06 實作，觀察男、女生 (Gender) 的 Height_cm (身高) 和 BMI 的分佈情形。

4. 機器學習做資料分析：

(1) 設定「性別 (Gender)」、「身高 (Height_cm)」及「BMI」做為特徵值，建立及訓練 KNN 模型，進行測試評估分類的正確率，找出最佳效果的 K 值。

(2) 找出機器學習模型後，分別用二位友人的資料預測他們應該選擇哪一種鞋子的尺寸。

性別	身高	體重	BMI
男	176 cm	77 kg	24.85
女	162 cm	53 kg	20.19

5. 儲存結果：程式碼 Shoes09.ipynb，鞋尺寸資料檔 Shoes09.csv。

預測2筆輸入的特徵資料：

性別=男、身高=176 cm、BMI=24.85
性別=女、身高=162 cm、BMI=20.19

```
1 new = [[1,176,24.85],[0,162,20.19]]
2 v=knn.predict(new)
3 print('預測結果為')
4 print('   男~身高=176 cm、BMI=24.85 應選擇：', v[0]/10, 'cm 的鞋款。')
5 print('   女~身高=162 cm、BMI=20.19 應選擇：', v[1]/10, 'cm 的鞋款。')
```

預測結果為
   男~身高=176 cm、BMI=24.85 應選擇： 28.5 cm 的鞋款。
   女~身高=162 cm、BMI=20.19 應選擇： 24.0 cm 的鞋款。

```
1 df.to_csv(filepath + 'Shoes09.csv', index=False)
```

9

學習　地圖

註：閱讀本章內容時，
可隨時翻回本頁對照，
掌握學習脈絡喔！⚓

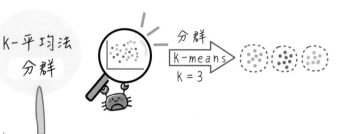

K-平均法
分群

分群
K-means
k = 3

挑選模型

① 匯入K-平均法模型　from sklearn.cluster import KMeans

② 設定特徵值　df_X = df[[ ]]　特徵值資料框

學習訓練

③ 建立K-平均法模型　km = KMeans(n_clusters = K)　K群

④ 進行訓練　km.fit(df_X)　訓練用特徵值資料框

測試評估

⑤ 計算模型的準確率　km.inertia_

⑥ 以測試集進行預測　pred = km.fit_predict(df_X)

決定模型

這朵鳶尾花
是屬於哪一群？

K = 3
分成3群

進行預測

⑦ 進行分群預測

new = [[6.6 , 3.1 , 5.2 , 2.4]]
v = km.predict(new)

第 10 章

機器學習實戰 (三)：
用 K 平均法做分群

前兩章使用的線性迴歸以及 KNN 都是屬於機器學習裡的「監督式學習 (Supervised Learning)」，本章將使用「非監督式學習 (Unsupervised Learning)」中相當重要的分群 (Clustering) 演算法：K-平均演算法 (K-means)，實作如何透過分群辨識鳶尾花的類別。

10-1　機器學習前準備

前面練習過的機器學習：「線性迴歸」以氣溫預測珍珠奶茶的銷售量、「KNN」用來辨識鳶尾花的類別和鐵達尼克號乘客的生還預測等 3 個操作實例。在機器學習的過程中，這 3 個實例的訓練資料 (Training Data) 及測試資料 (Test Data) 都是「有標籤 (Label)」，也就是標準答案，是屬於「監督式學習」；在此章節將介紹「非監督式學習」，二者最大的差別就在於它的訓練及測試資料都是「沒有標籤」，也就是沒有解答。

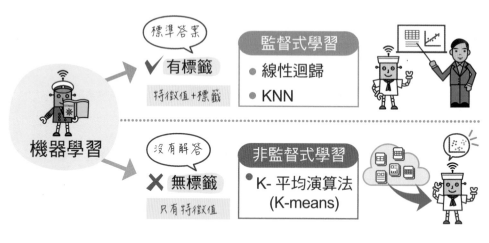

資料科學 ❶ 問個感興趣的問題

在上一章兩個問題～鳶尾花、鐵達尼號，都給定「標準答案」讓模型學習找到模型參數，生活週遭的問題如果「沒有給定標準答案」來判斷對或錯，是否可從相似特徵的觀察過程歸納出一個模式，以作為判斷的標準。

假如我們搜集許多的花朵，雖然不知道花名，但是憑著花的顏色、外形、大小等特徵，是不是有可能歸納出這些花朵共可分成多少群呢？

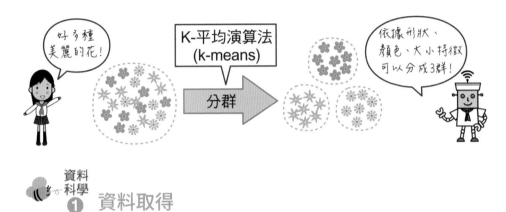

資料科學 ❶ 資料取得

從 kaggle 網站 https://www.kaggle.com/uciml/iris，下載鳶尾花資料集「Iris.csv」(同第 6 章)，再將「Iris.csv」上傳到 Google 雲端硬碟。讀取 Google 雲端硬碟的 CSV 檔案「Iris.csv」並轉成資料框型別，完成後再刪除「Id」整欄的資料。共有 150 筆記錄，每筆記錄分別有 5 個欄位。以下操作如同第 6 章的說明[註1]。

註1 資料取得、資料前處理和探索性資料分析的詳細說明及作法，可參考第 6 章的「6-2 探索性資料分析—以 Iris 為例」。

```
1 from google.colab import drive
2 drive.mount('/content/MyGoogleDrive')
3 import pandas as pd
4 df=pd.read_csv(i_filepath + 'Iris.csv')
5 df=df.drop('Id', axis=1)
6 df.head()
```

Mounted at /content/MyGoogleDrive

	SepalLengthCm	SepalWidthCm	PetalLengthCm	PetalWidthCm	Species
0	5.1	3.5	1.4	0.2	Iris-setosa
1	4.9	3.0	1.4	0.2	Iris-setosa
2	4.7	3.2	1.3	0.2	Iris-setosa
3	4.6	3.1	1.5	0.2	Iris-setosa
4	5.0	3.6	1.4	0.2	Iris-setosa

資料科學 ② 資料處理

先瞭解各行的標題與資料型別 → 檢查無缺值的問題 → 刪除重複值（共 3 筆）後重新編號列索引 → 將 Species（類別）欄位中的文字轉換成數值。這些操作也都如同第 6 章的說明。

```
1 df = df.drop_duplicates() #刪除重複列
2 df.reset_index(drop=True) #將列索引重新編號
3 s = {'Iris-setosa':0, 'Iris-versicolor':1, 'Iris-virginica':2 }
4 df['Species']=df['Species'].map(s)
5 df.info()
```

```
<class 'pandas.core.frame.DataFrame'>
Int64Index: 147 entries, 0 to 149
Data columns (total 5 columns):
 #   Column         Non-Null Count   Dtype
---  ------         --------------   -----
 0   SepalLengthCm  147 non-null     float64
 1   SepalWidthCm   147 non-null     float64
 2   PetalLengthCm  147 non-null     float64
 3   PetalWidthCm   147 non-null     float64
 4   Species        147 non-null     int64
dtypes: float64(4), int64(1)
memory usage: 6.9 KB
```

整理好的資料框

 資料科學 ③ 探索性資料分析

感興趣的問題 ➡ 資料取得 ➡ 資料處理 ➡ 探索性資料分析 ➡ 機器學習做資料分析

「分群」和第 9 章「分類」不同的地方在於:「分類」需要先給予標籤 (Label),「分群」則是不需知道所有資料的類別 (標準答案),所以此處不必設定標籤。

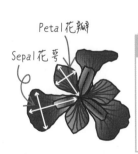

Petal 花瓣
Sepal 花萼

特徵值(X)
● SepalLengthCm(花萼長度)
● SepalWidthCm(花萼寬度)
● PetalLengthCm(花瓣長度)
● PetalWidthCm(花瓣寬度)

分群時,不須設定標籤

標籤(y)
● Species (類別)
0:Iris-Setosa (山鳶尾)
1:Iris-Versicolor (變色鳶尾)
2:Iris-Virginica (維吉尼亞鳶尾)

依第 6 章探索性資料分析得知，花萼及花瓣的長度與寬度等 4 個特徵與類別具有重要的關聯性，所以我們採用這 4 個行資料做為接下來機器學習的特徵值 (Feature)。

```
1 df.head()
```

	SepalLengthCm	SepalWidthCm	PetalLengthCm	PetalWidthCm	Species
0	5.1	3.5	1.4	0.2	0
1	4.9	3.0	1.4	0.2	0
2	4.7	3.2	1.3	0.2	0
3	4.6	3.1	1.5	0.2	0
4	5.0	3.6	1.4	0.2	0

特徵值 $X=[['SepalLengthCm',\cdots]]$

❹ 機器學習做資料分析

完成前面的階段後，接著就要進行機器學習的分析實作，請繼續見下一節的說明。

10-2 機器學習實作

取得資料的特徵值之後，接下來進行機器學習實作步驟：挑選模型 → 學習訓練→ 測試評估 → 決定模型。Python 的 sklearn 套件包含許多分群的演算法，本節採用相當知名的 K- 平均法 (K-means) 來實作，藉此能更進一步了解及比較「監督式學習」和「非監督式學習」之間的差異。以下就來實作如何利用 K- 平均法模型進行分群及辨識鳶尾花的類別。

10-2-1 提出具體的假設

由前面的「步驟 3 探索性資料分析」設定好了特徵值 (Feature) 之後，我們可以提出如此的假設：「由機器利用 Iris 的花萼及花瓣的長度與寬度 " 自行學習 " 如何分成 3 群，可以有效的辨識所屬的群別！」

等機器學習的過程完成，再把一朵 Iris 的資料輸入到訓練產生的模型中，看看訓練出來的機器學習模型有沒有辦法將資料分到理想的群。

10-2-2 找出機器學習模型

用於分群的演算法有很多種，在這個例子中我們挑選了 K- 平均法模型，並實作如何利用現有的資料來進行訓練。

10

❶ 挑選模型：匯入 K- 平均法模型

首先匯入 K- 平均法機器學習套件，準備建立模型。

```
1 from sklearn.cluster import KMeans
```

❷ 學習訓練：建立並訓練 K- 平均法模型

設定特徵值

將鳶尾花的花萼及花瓣的長度與寬度 4 個行資料做成特徵值資料框 df_X，需特別注意的是並不需要設定標籤。

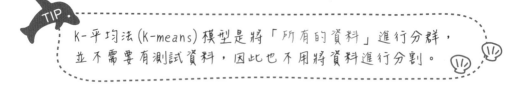

```
1 df_X = df[['SepalLengthCm','SepalWidthCm','PetalLengthCm','PetalWidthCm']]
```

只需要建立特徵值資料框就好

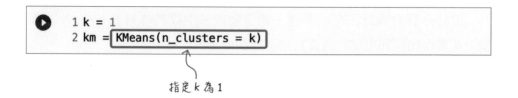

> **TIP**
> K- 平均法 (K-means) 模型是將「所有的資料」進行分群，並不需要有測試資料，因此也不用將資料進行分割。

建立 K- 平均法模型

使用 KMeans() 函式建立 K- 平均法模型 km。

```
1 k = 1
2 km = KMeans(n_clusters = k)
```

指定 k 為 1

進行訓練

指定訓練資料 (只含特徵值) 給 fit() 函式來訓練模型 km。

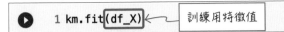

```
1 km.fit(df_X)  ←  訓練用特徵值
```

```
KMeans(algorithm='auto', copy_x=True, init='k-means++', max_iter=300,
       n_clusters=1, n_init=10, n_jobs=None, precompute_distances='auto',
       random_state=None, tol=0.0001, verbose=0)
```

❸ 測試評估

計算模型的準確性

要如何測試、評估 K- 平均法模型的好壞，進而得到一個好的模型？我們可以觀察 K- 平均法的「inertia_」(群內部距離) 值來了解，其值越小，分群的準確性越佳。

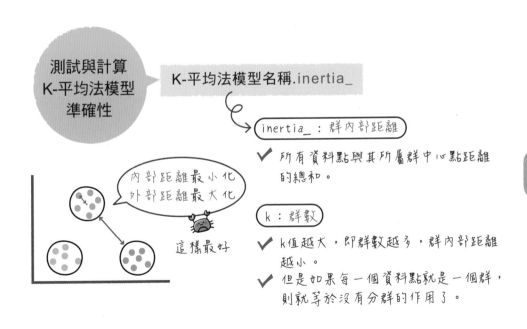

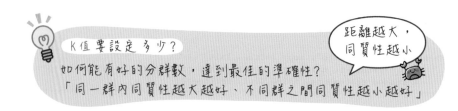

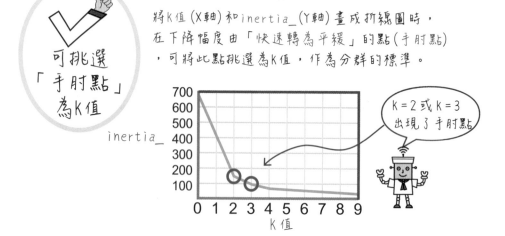

在產生理想的 K- 平均法模型之前，先觀察 K- 平均法的「inertia_」值。

(1) 看一看 k=1 的準確性是如何？

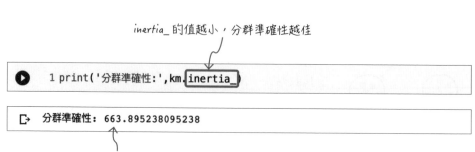

(2) 試試別的 k 值是否可以得到更佳的效果！一般可以透過迴圈來計算和觀察不同的參數 k 時所得到的模型準確性。

試試 k=1～ k=14

```
1 s = []
2 for k in range(1,15):
3     km = KMeans(n_clusters=k)
4     km.fit(df_X)
5     s.append(km.inertia_)
6 print(s)
```

```
[663.895238095238, 151.77145833333336, 77.91989035087718, 56.64237065018315, 45.8164:
```

利用迴圈產生 14 個 inertia_ 值

(3) 畫出 k 和 inertia_ 的折線圖，找出手肘點 k=2 或 k=3。

```
1 # 看視覺化圖表決定參數K值
2 df_kmeans = pd.DataFrame()
3 df_kmeans['inertia_'] = s
4 df_kmeans.index = list(range(1,15))
5 df_kmeans.plot(grid=True)
```

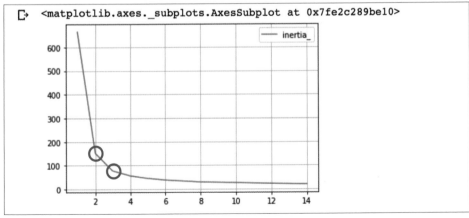

<matplotlib.axes._subplots.AxesSubplot at 0x7fe2c289be10>

10

(4) 假設指定 k=3 來進行模型的訓練。

```
1 k=3
2 km=KMeans(n_clusters=k)
3 km.fit(df_X)
```

```
KMeans(algorithm='auto', copy_x=True, init='k-means++', max_iter=300,
       n_clusters=3, n_init=10, n_jobs=None, precompute_distances='auto',
       random_state=None, tol=0.0001, verbose=0)
```

以測試集進行預測

接下來拿特徵值資料框 df_X 以 fit_predict() 函式進行各筆資料的分群預測，完成後得到了預測分群序列。

K-平均法 預測分群 fit_predict()

預測分群序列= **K-平均法模型**.fit_predict(特徵值資料框)

```
pred = km.fit_predict(df_X)
```

```
1 print('分群的預測結果：')
2 pred = km.fit_predict(df_X)
3 pred
```

```
分群的預測結果：
array([1, 1, 1, 1, 1, 1, 1, 1, 1, 1, 1, 1, 1, 1, 1, 1, 1, 1, 1, 1, 1,
       1, 1, 1, 1, 1, 1, 1, 1, 1, 1, 1, 1, 1, 1, 1, 1, 1, 1, 1, 1, 1,
       1, 1, 1, 1, 2, 2, 0, 2, 2, 2, 2, 2, 2, 2, 2, 2, 2, 2, 2, 2, 2,
       2, 2, 2, 2, 2, 2, 2, 2, 0, 2, 2, 2, 2, 2, 2, 2, 2, 2, 2, 2, 2,
       2, 2, 2, 2, 2, 2, 2, 2, 2, 0, 2, 0, 0, 0, 0, 2, 0, 0, 0, 0,
       0, 2, 2, 0, 0, 0, 0, 2, 0, 2, 0, 2, 0, 0, 2, 2, 0, 0, 0, 0, 0, 2,
       0, 0, 0, 0, 2, 0, 0, 0, 0, 0, 0, 2, 0, 0, 2], dtype=int32)
```

依原本 Iris 資料集與如上分群結果兩相對照，得知
如上紅框是錯誤的分群結果

④ 決定模型

　　如果評估後，模型的準確性已可接受，則模型建立完成；否則，重新選擇模型或調整 K-Means 模型的參數後再重新訓練。

⑤ 進行分群預測

01　將原始資料（df_X）和 K- 平均法分群預測結果（pred）分別以花萼長度（X 軸）和花萼寬度（Y 軸）做成散佈圖，將不同欄位值給予不一樣的顏色，比較看看每朵花被劃分的狀況。為了讓散佈圖更易讀，使用 map() 函式增加新欄位 colors，再以 plot() 函式繪製散佈圖。

群別	值	顏色關鍵字
第 0 群	0	紅 (r)
第 1 群	1	綠 (g)
第 2 群	2	藍 (b)

數值 0、1、2 轉換成顏色關鍵字 r、g、b

```
1 df1 = df_X.copy()
2 df1['pred'] = pred
3 c = {0:'r', 1:'g', 2:'b'}
4 df1['colors'] = df1['pred'].map(c)
5 df1.plot(kind='scatter', x='SepalLengthCm',y='SepalWidthCm',c=df1['colors'])
```

這個紅點的花朵在圖上看起來應歸成藍
色，模型卻分成紅色！是因為這圖只用
2 個特徵作圖，而模型是用 4 個特徵

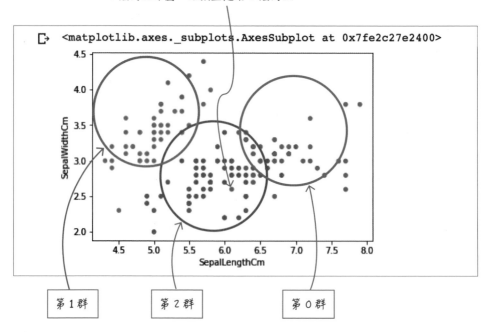

▲ 分群的預測結果

02 給一朵鳶尾花的 4 個特徵值：「花萼長度　6.6 公分、花萼寬度　3.1
公分、花瓣長度　5.2 公分、花瓣寬度　2.4 公分」，試試我們建立的
分群模型，看看這朵花應該屬於那一個群別。

呼叫模型，進行預測　　　　某一朵花的 4 個特徵值

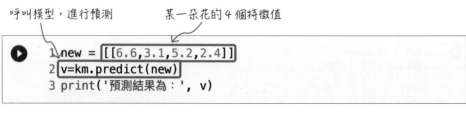

屬於第 0 群

10-2-3 提出機器學習後的資料分析結果

以上的步驟告訴我們，以機器學習演算法 K- 平均法輸入訓練資料進行機器學習，利用完成的模型進行分群是可行的。

以本例而言，訓練完成後我們給了一筆特徵值資料 ([[6.6，3.1，5.2，2.4]])，預測出它是屬於第 0 群。如果以散佈圖來呈現各資料點的分群情況，更為清楚明瞭。

此外，根據「K- 平均」分群演算法，我們發現有一個類別（其實就是 Iris-Setosa）與其它兩者在花瓣與花萼的差異較大，而另兩種類別（即 Iris-Versicolor 及 Iris-Virginica）則比較相近。如果我們在手肘點 k=2 或 k=3 兩者中選擇 k=2 時，Iris-Versicolor 及 Iris-Virginica 就會被分成同一群，而 Iris-Setosa 自成一群，可見如何選擇 k 值是蠻關鍵的，讀者可以自行實作看看。有進一步興趣的話，請前往 kaggle 網站，有更多網友分享他們的作法[註2]。

加廣知識

這樣的機器學習可以進一步應用於以下情境：

- 哪些觀眾喜歡同一種類型的音樂或電影。

- 哪些動物屬於相近的品種。

10

註2　例如 https://www.kaggle.com/search?q=k-means+iris。

本章學習操演（一）

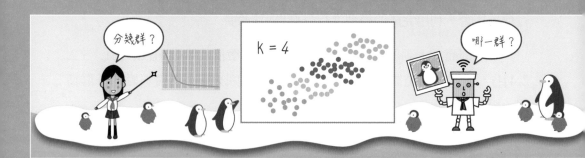

Alice 這次請小 P 使用 K- 平均法（k-means），對企鵝資料集進行分群，看看資料集中最有可能包含幾群（也就是幾種）企鵝呢？經過探索性資料分析後，她提出如此的假設：「利用企鵝的身長 (Length_cm) 及重量 (Weight_g) 自行機器學習，有效的區分出各群別！」

演練內容

1. 資料取得：讀取企鵝資料集 (penguin.csv) 並轉換為資料框，檢視其中共有多少資料筆數，以及所包含的欄位名稱和內容。

2. 資料處理：

   (1) 檢查並刪除重複的資料列。

   (2) 身長、重量呈現的缺失值，在品種未知的狀況下，無法給予相應合理的數據，又因缺失值比例 (9.6%) 不高，故將之刪除。

   (3) 刪除後將列索引重新編號。

   (4) 將企鵝品種 (Species) 的字串資料轉換成數值，Chinstrap penguin

（南極企鵝）→ 0、Little penguin(小藍企鵝) → 1、Galapagos penguin （加拉帕戈斯企鵝）→ 2、Gentoo penguin(巴布亞企鵝) → 3。

3. 探索性資料分析：參考 Ch06 實作，觀察各企鵝品種 (Species) 的身長 (Length_cm) 和重量 (Weight_g) 的分佈情形。

4. 機器學習做資料分析：

(1) 設定企鵝的身長 (Length_cm) 及重量 (Weight_g) 做為特徵值，建立 K- 平均法模型並進行訓練。

(2) 測試與計算 K- 平均法的準確率，決定參數 K 之值。

(3) 依 K 值分群並以不同的顏色繪製散佈圖。

提示 新增 color 欄位：df['colors'] = df['Species'].map(c)

繪製散佈圖：df.plot(kind='scatter', x= 身長 , y= 重量 , c=df['colors'])

(4) 輸入新加入的企鵝特徵值：身長 (Length_cm) = 52cm 及重量 (Weight_g) = 1234g，試試建立的分群模型，看看這隻企鵝應該屬於哪一個群別。

5. 儲存結果：程式碼 Penguin10.ipynb。

🐧 參考結果

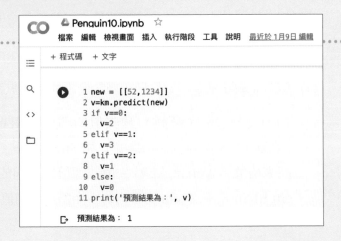

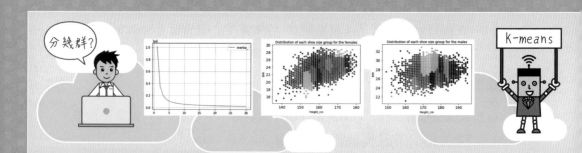

Bob 試著以 K- 平均法（k-means）將男、女生穿鞋尺寸由機器利用「性別」、「身高」及「BMI 指數」自行學習 " 建立模型並自動分群，並以朋友的資料進行分群預測。

演練內容

1. 資料取得：讀取男、女生穿鞋尺寸的資料集 (ShoeSize.csv) 並轉換為資料框，檢視其中共有多少資料筆數，以及所包含的欄位名稱和內容。

2. 資料處理：

    (1) 檢查並刪除重複的資料列，刪除後將列索引重新編號。

    (2) 將 Height_cm （身高） 缺失值的部份使用具有相同的 Gender（性別）、Weight_kg （體重） 和 Shoe size_cm 資料列的平均身高來補值。Weight_kg 缺失值的部份用相同的 Gender、Height_cm 和 Shoe size_cm 資料列的平均體重來補值。

(3) Shoe size_cm（鞋的尺寸）的缺失值不予補值，直接刪除。

(4) 重新編號列索引。

(5) 將 Gender 的字串資料轉換成數值，Female → 0、Male → 1。Shoe size_cm 的 float（浮點數）轉換成 int（整數）。

(6) 新增 BMI 欄位，計算公式為
BMI= 體重（公斤）/ 身高 ^{2}（公尺 ^{2}）。

3. 探索性資料分析：參考 Ch06 實作，觀察男、女生 (Gender) 的 Height_cm（身高）和 BMI 的分佈情形。

4. 機器學習做資料分析：

(1) 設定「性別 (Gender)」、「身高 (Height_cm)」及「BMI」做為特徵值，建立 K- 平均法模型。進行測試評估分群的正確率，決定參數 K 之值。

(2) 經過機器學習的過程，將下列二筆友人的資料輸入到訓練產生的模型中，看看分別屬於哪一個群別。

性別	身高	體重	BMI
男	176 cm	77 kg	24.85
女	162 cm	53 kg	20.19

5. 儲存結果：程式碼 Shoes10.ipynb，鞋尺寸資料檔 Shoes10.csv。

10

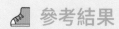

參考結果

第二筆預測鞋款的尺寸：性別=女、身高=162 cm、體重=53 kg（BMI=20.19）

```
1 sex = new[1][0]
2 H = df1[(df1.pred==v[1]) & (df1.Gender==sex)]['Height_cm'].max()
3 L = df1[(df1.pred==v[1]) & (df1.Gender==sex)]['Height_cm'].min()
4 print('群',v[1],'的最低身高：', L, ' cm')
5 print('群',v[1],'的最高身高：', H, ' cm')
6 AVG_size=df[(df.Gender==sex) & (df.Height_cm>=L) & (df.Height_cm<=H)]['Shoe size_cm
7 AVG_size=round(AVG_size/5)*5/10
8 print('平均尺寸：',AVG_size, 'cm。')
9 print('女～身高=162 cm、BMI=20.19 應選擇：', AVG_size, 'cm 的鞋款。')
```

```
群 17 的最低身高： 158.0  cm
群 17 的最高身高： 162.0  cm
平均尺寸： 23.5 cm。
女～身高=162 cm、BMI=20.19 應選擇： 23.5 cm 的鞋款。
```

```
1 df.to_csv(filepath + 'Shoes10.csv', index=False)
```